幼小衔接：学前智力开发课程

跟米拉朵学

手指速算

一

葫芦弟弟◎编绘

U0350763

北京理工大学出版社
BEIJING INSTITUTE OF TECHNOLOGY PRESS

目 录

认识手指

小朋友，你们观察过自己的手指吗？伸出你的双手，让我们一起来认识一下自己的手指吧。

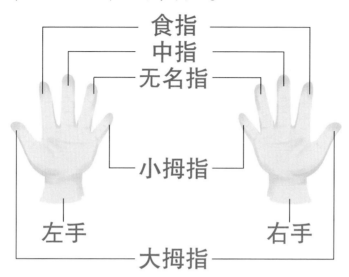

小朋友，手指们都有自己的名字了，让我们一起读儿歌、做手指运动吧。

一个手指画圆圈，
两个手指变剪刀，
三个手指弯又弯，
四个手指像小叉，
五个手指乐开花。

1

指 法 规 则

右手拇指代表5，
其余四指分别代表1。
一只手一共是9。

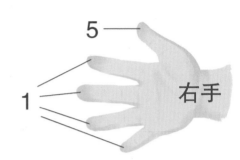

群指

食指、中指、
无名指和小拇指
四个手指叫群指。

小朋友，你能比米拉朵先猜出下面的谜语吗？

猜一猜

十个小伙伴，
分成两个班。
两班一样多，
无事不能做。

（打一人体器官）

手指定位

小朋友，伸出你们的双手跟米拉朵一起认识手指的定位。

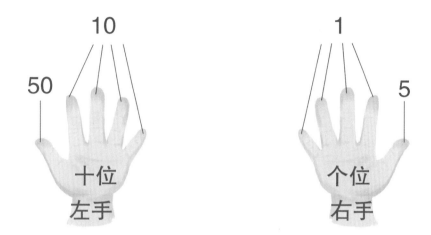

小朋友，伸出你们的小手跟米拉朵一起练习 1 到 9 的出指吧。

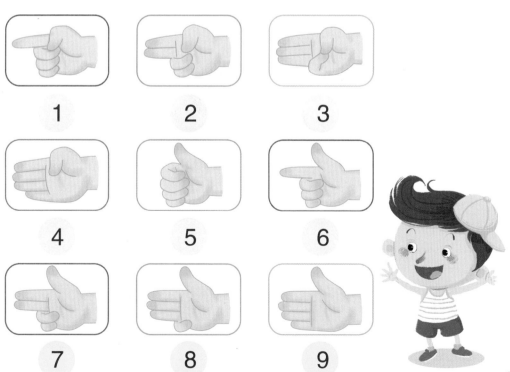

认识数字"0"

看看下面的图，哪个像数字"0"？

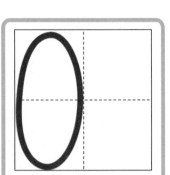

米拉朵和大大猪把采的所有蘑菇送给了小兔子，现在篮子里的蘑菇就没有了。

0像鸡蛋做蛋糕

下面手型哪个代表"0"，请你圈出来。

认识数字 "1"

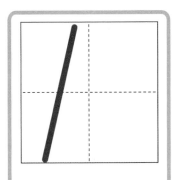

1 像铅笔细又长

用笔圈出从右数第 1 个花瓶。

请你圈出数量是 "1" 的物品。

下面手型哪个代表 "1"，请你圈出来。

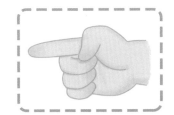

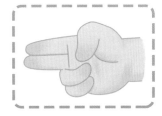

5

认识数字 "2"

请你找出数量是 "2" 的物品，用笔圈出来。

2 像鸭子水中游

下面手型哪个代表 "2"，请你圈出来。

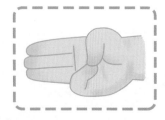

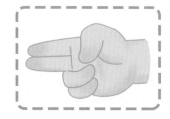

认识数字 "3"

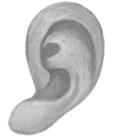

3像耳朵来听课

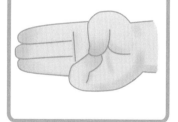

请你找出数量是 "3" 的物品，用笔圈出来。

请你在下图中圈出 3 面旗子。

下面手型哪个代表 "3"，请你圈出来。

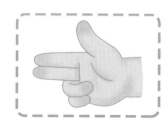

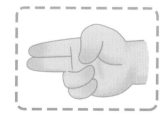

认识数字 "4"

请你从左到右找出第 "4" 根香蕉，把它涂上黄色。

请你在下列物品中选出个数是 "4" 的物品，并在圆圈中打 "√"。

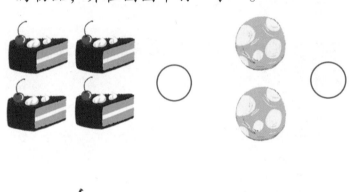

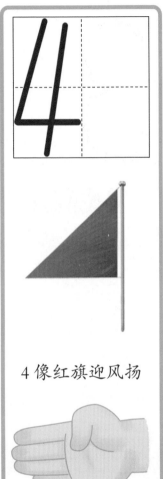

4 像红旗迎风扬

下面手型哪个代表 "4"，请你圈出来。

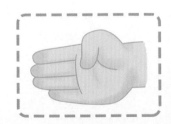

数字 "0" ~ "4" 的出指训练

0			右手拳，拇指压在群指上，表示"0"。
1			食指水平伸开，拇指压在三指上，表示"1"。
2			食指中指水平伸，拇指压在无名小指上，表示"2"。
3			食指中指无名指水平伸直，拇指压在小指上，表示"3"。
4			食指、中指、无名指、小指同时伸直，表示"4"。

认识数字 "5"

和米拉朵数一数下面有几只小蜜蜂?

请你找出数量是 "5" 的卡片,用笔圈出来。

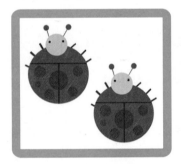

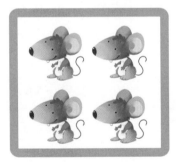

5 像衣钩挂东西

下面手型哪个代表 "5",请你圈出来。

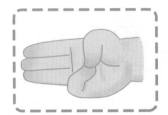

认识数字 "6"

6像哨子吹得响

请你找出数量是 "6" 的卡片，用笔圈出来。

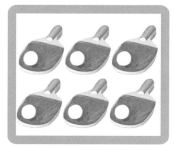

下面手型哪个代表 "6"，请你圈出来。

认识数字 "7"

请你圈出数量是 "7" 的物品。

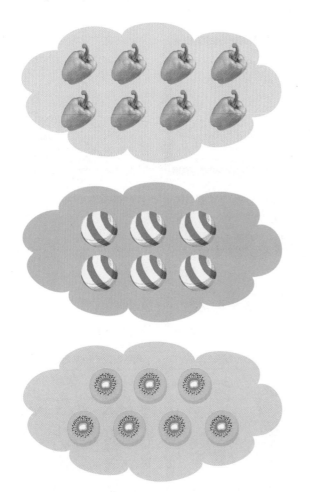

7 像镰刀割青草

下面手型哪个代表 "7"，请你圈出来。

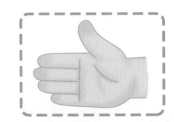

认识数字 "8"

请你找出数量是 "8" 的卡片，用笔圈出来。

8 像绳子绕啊绕

下面手型哪个代表 "8"，请你圈出来。

认识数字 "9"

请你帮米拉朵圈出数量是 "9" 的物品。

9 像勺子能吃饭

下面手型哪个代表 "9"，请你圈出来。

  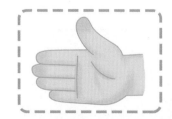

14

数字 "5" ~ "9" 的出指训练

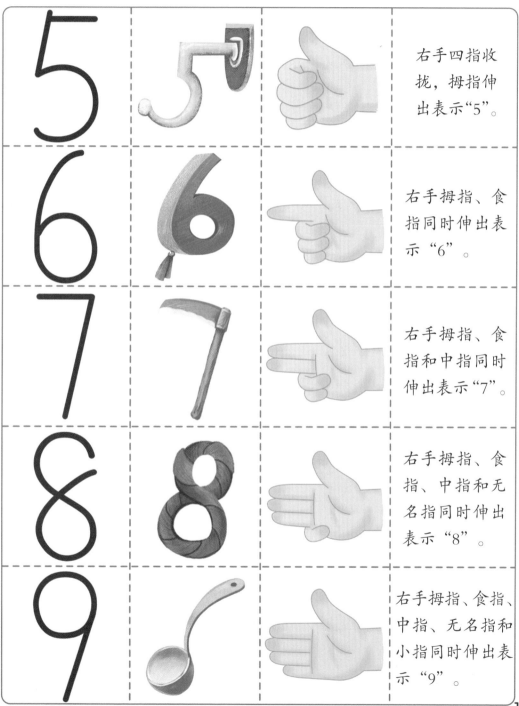

5			右手四指收拢，拇指伸出表示"5"。
6			右手拇指、食指同时伸出表示"6"。
7			右手拇指、食指和中指同时伸出表示"7"。
8			右手拇指、食指、中指和无名指同时伸出表示"8"。
9			右手拇指、食指、中指、无名指和小指同时伸出表示"9"。

看一看，写一写

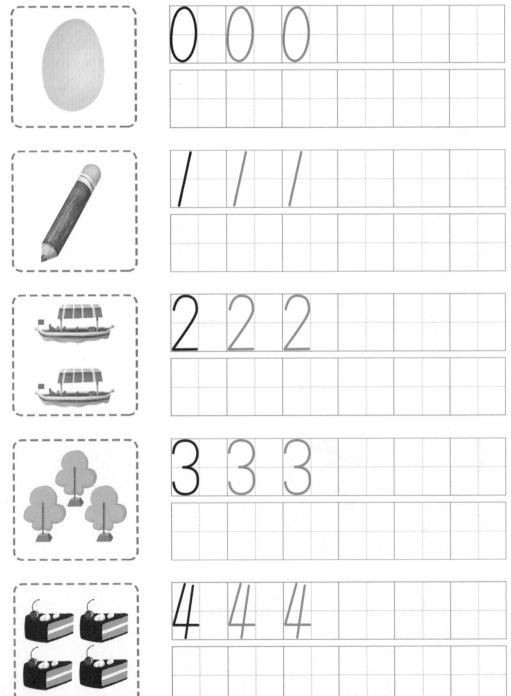

看一看，写一写

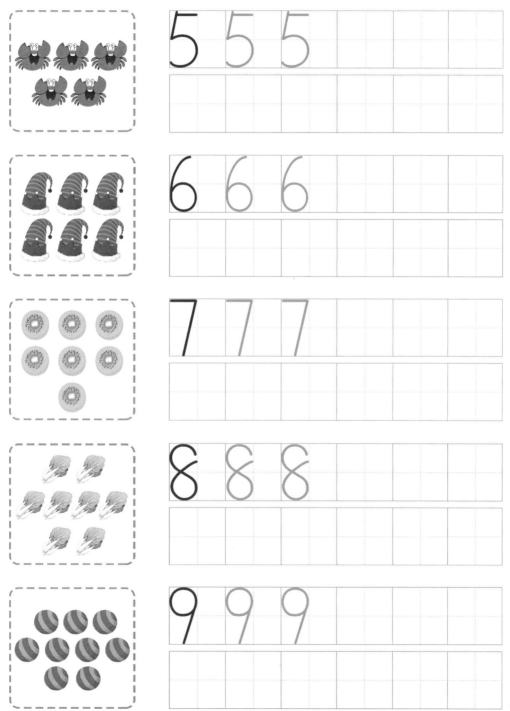

出指练习

右手的出指练习。

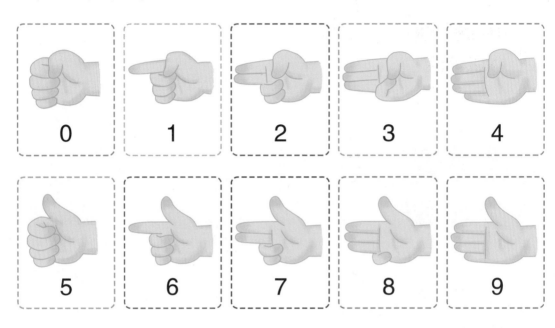

左手的出指练习。

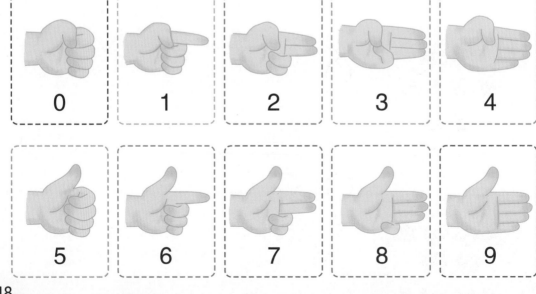

5 的组成及出指练习

看图填数字。

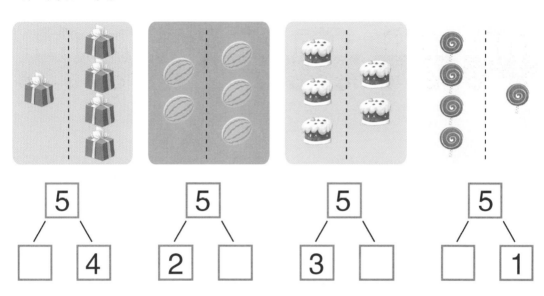

出指练习和脑像练习。

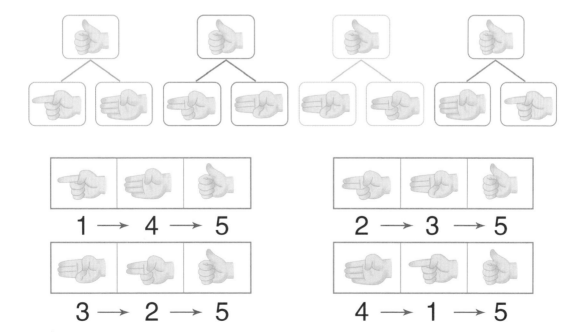

$1 \rightarrow 4 \rightarrow 5$

$2 \rightarrow 3 \rightarrow 5$

$3 \rightarrow 2 \rightarrow 5$

$4 \rightarrow 1 \rightarrow 5$

6 的组成及出指练习

看图填数字。

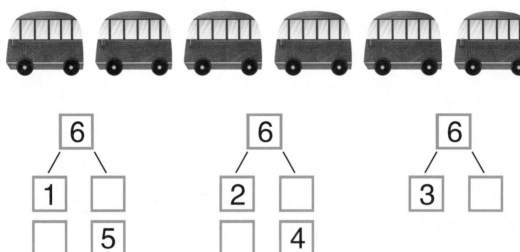

出指练习和脑像练习。

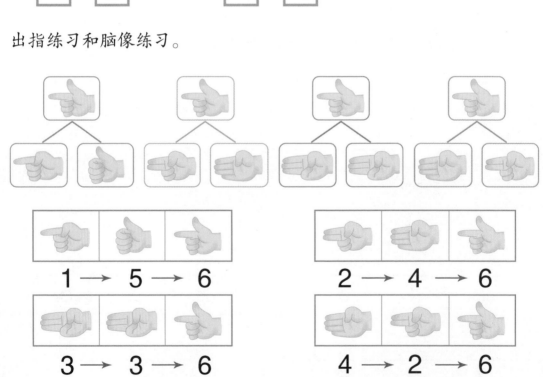

1 → 5 → 6

2 → 4 → 6

3 → 3 → 6

4 → 2 → 6

7 的组成及出指练习

看图填数字。

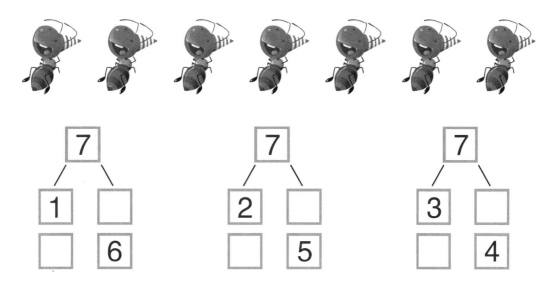

出指练习和脑像练习。

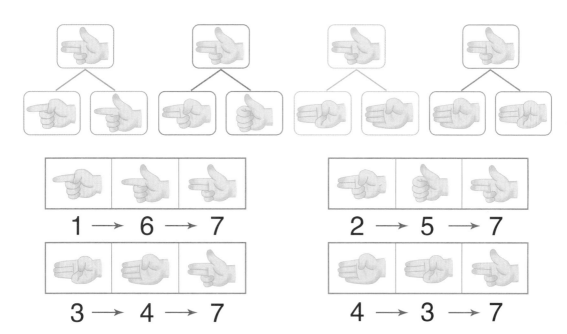

1 → 6 → 7

2 → 5 → 7

3 → 4 → 7

4 → 3 → 7

8 的组成及出指练习

看图填数字。

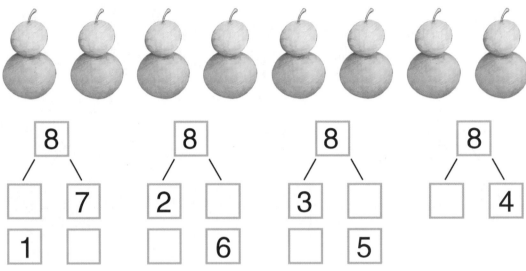

出指练习和脑像练习。

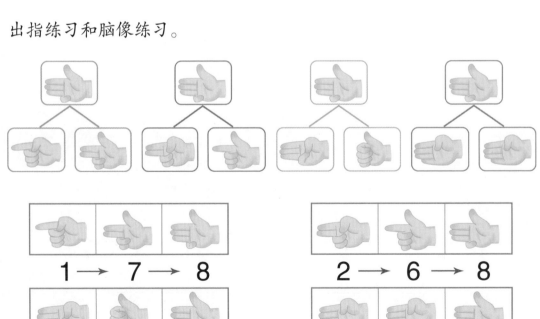

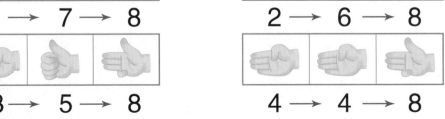

$1 \rightarrow 7 \rightarrow 8$ $2 \rightarrow 6 \rightarrow 8$

$3 \rightarrow 5 \rightarrow 8$ $4 \rightarrow 4 \rightarrow 8$

9 的组成及出指练习

看图填数字。

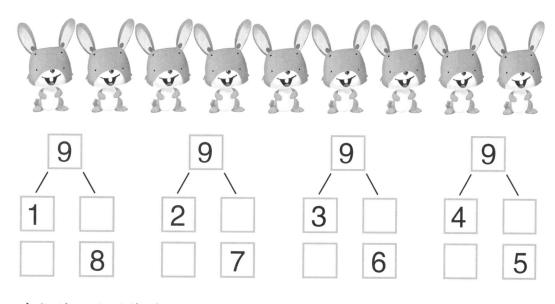

出指练习和脑像练习。

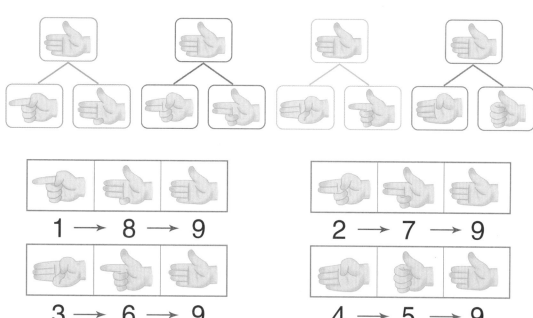

1 → 8 → 9

2 → 7 → 9

3 → 6 → 9

4 → 5 → 9

整十数的出指

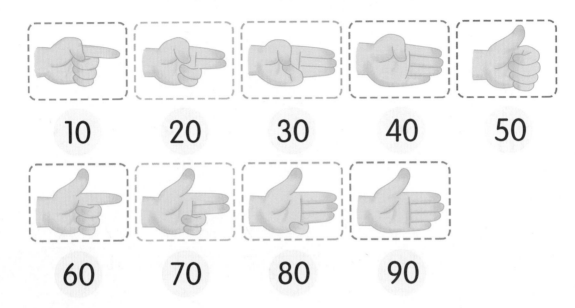

10　　20　　30　　40　　50

60　　70　　80　　90

100 的表示

从"99"念到"100"时，双手击掌一下（代表"1"），然后双手握拳代表两个"0"，即代表"100"。

在手形下面的（　）里写上相应的数字。

（　）（　）（　）（　）（　）（　）

（　）（　）（　）

数字 11~30 的数位及出指

认数	数位	手型	认数	数位	手型
11	1 1 十位 个位		21	2 1 十位 个位	
12	1 2 十位 个位		22	2 2 十位 个位	
13	1 3 十位 个位		23	2 3 十位 个位	
14	1 4 十位 个位		24	2 4 十位 个位	
15	1 5 十位 个位		25	2 5 十位 个位	
16	1 6 十位 个位		26	2 6 十位 个位	
17	1 7 十位 个位		27	2 7 十位 个位	
18	1 8 十位 个位		28	2 8 十位 个位	
19	1 9 十位 个位		29	2 9 十位 个位	
20	2 0 十位 个位		30	3 0 十位 个位	

25

数字 31~50 的数位及出指

认数	数位		手型	认数	数位		手型
31	3 1 十位 个位			41	4 1 十位 个位		
32	3 2 十位 个位			42	4 2 十位 个位		
33	3 3 十位 个位			43	4 3 十位 个位		
34	3 4 十位 个位			44	4 4 十位 个位		
35	3 5 十位 个位			45	4 5 十位 个位		
36	3 6 十位 个位			46	4 6 十位 个位		
37	3 7 十位 个位			47	4 7 十位 个位		
38	3 8 十位 个位			48	4 8 十位 个位		
39	3 9 十位 个位			49	4 9 十位 个位		
40	4 0 十位 个位			50	5 0 十位 个位		

数字 51~70 的数位及出指

认数	数位	手型	认数	数位	手型
51	5 1 十位 个位		61	6 1 十位 个位	
52	5 2 十位 个位		62	6 2 十位 个位	
53	5 3 十位 个位		63	6 3 十位 个位	
54	5 4 十位 个位		64	6 4 十位 个位	
55	5 5 十位 个位		65	6 5 十位 个位	
56	5 6 十位 个位		66	6 6 十位 个位	
57	5 7 十位 个位		67	6 7 十位 个位	
58	5 8 十位 个位		68	6 8 十位 个位	
59	5 9 十位 个位		69	6 9 十位 个位	
60	6 0 十位 个位		70	7 0 十位 个位	

数字 71~90 的数位及出指

认数	数位	手型	认数	数位	手型
71	7　1 十位 个位		81	8　1 十位 个位	
72	7　2 十位 个位		82	8　2 十位 个位	
73	7　3 十位 个位		83	8　3 十位 个位	
74	7　4 十位 个位		84	8　4 十位 个位	
75	7　5 十位 个位		85	8　5 十位 个位	
76	7　6 十位 个位		86	8　6 十位 个位	
77	7　7 十位 个位		87	8　7 十位 个位	
78	7　8 十位 个位		88	8　8 十位 个位	
79	7　9 十位 个位		89	8　9 十位 个位	
80	8　0 十位 个位		90	9　0 十位 个位	

数字 91-99 的数位及出指

认数	数位	手型	认数	数位	手型
91	9 1 十位 个位		96	9 6 十位 个位	
92	9 2 十位 个位		97	9 7 十位 个位	
93	9 3 十位 个位		98	9 8 十位 个位	
94	9 4 十位 个位		99	9 9 十位 个位	
95	9 5 十位 个位				

100 以内的数序。

1	2	3	4	5	6	7	8	9	10
11	12	13	14	15	16	17	18	19	20
21	22	23	24	25	26	27	28	29	30
31	32	33	34	35	36	37	38	39	40
41	42	43	44	45	46	47	48	49	50
51	52	53	54	55	56	57	58	59	60
61	62	63	64	65	66	67	68	69	70
71	72	73	74	75	76	77	78	79	80
81	82	83	84	85	86	87	88	89	90
91	92	93	94	95	96	97	98	99	100

图书在版编目（CIP）数据

跟米拉朵学手指速算：函套共6册／葫芦弟弟编绘．—北京：北京理工大学出版社，2019.9

ISBN 978-7-5682-7193-6

Ⅰ．①跟⋯ Ⅱ．①葫⋯ Ⅲ．①速算－学前教育－教学参考资料 Ⅳ．① G613.4

中国版本图书馆 CIP 数据核字（2019）第 129723 号

出版发行／北京理工大学出版社有限责任公司

社　　　址／北京市海淀区中关村南大街 5 号

邮　　　编／100081

电　　　话／（010）68914775（总编室）

　　　　　　（010）82562903（教材售后服务热线）

　　　　　　（010）68948351（其他图书服务热线）

网　　　址/http：//www.bitpress.com.cn

经　　　销／全国各地新华书店

印　　　刷／福建省金盾彩色印刷有限公司

开　　　本／720 毫米 ×1000 毫米　1/16

印　　　张／12　　　　　　　　　　　　　　　　责任编辑／高　芳

字　　　数／78 千字　　　　　　　　　　　　　　文案编辑／胡　莹

版　　　次／2019 年 9 月第 1 版　2019 年 9 月第 1 次印刷　　责任校对／周瑞红

定　　　价／60.00 元（全 6 册）　　　　　　　　责任印制／施胜娟

幼小衔接：学前智力开发课程

跟米拉朵学

手指速算

二

葫芦弟弟◎编绘

北京理工大学出版社
BEIJING INSTITUTE OF TECHNOLOGY PRESS

目 录

认 识 加 法

把两个数合并成一个数的运算叫作加法。

　　"加"就是伸出的意思，加的时候要从食指、中指、无名指、小指依次出指。

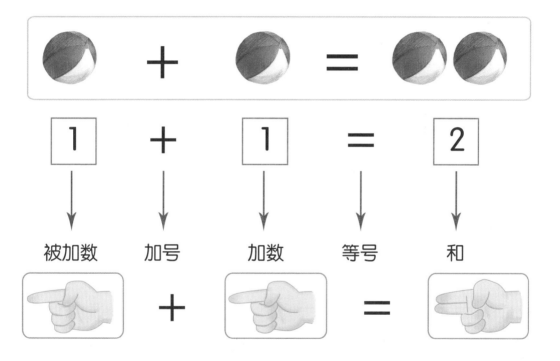

| 1 | + | 1 | = | 2 |

被加数　　加号　　加数　　等号　　和

根据出指图示例式计算。

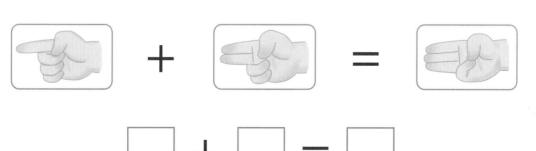

☐ + ☐ = ☐

1

4 以内数的直加

观察下列手形，根据手形列算式。

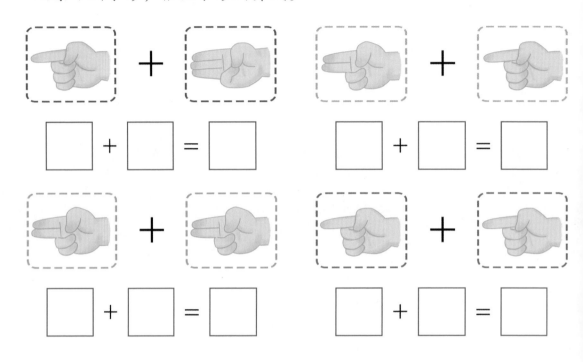

| $\square$ | + | $\square$ | = | $\square$ | | $\square$ | + | $\square$ | = | $\square$ |

| $\square$ | + | $\square$ | = | $\square$ | | $\square$ | + | $\square$ | = | $\square$ |

算出下面的算式，与相对应的出指相连。

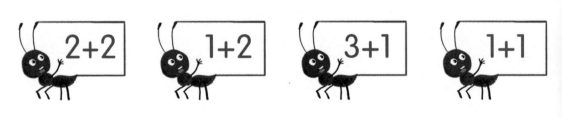

2+2   1+2   3+1   1+1

认识减法

已知两个加数的和与其中的一个加数，求另一个加数的运算叫作减法。

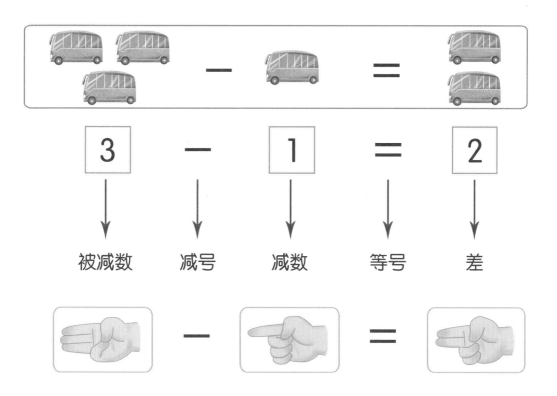

| 被减数 | 减号 | 减数 | 等号 | 差 |

根据出指图示例式计算。

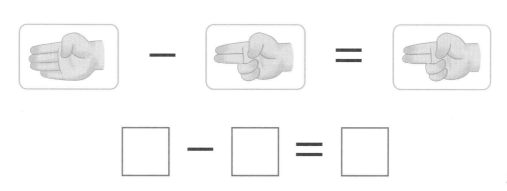

$$\square - \square = \square$$

3

4 以内数的直减

将算式与得数相应的手形用线连起来。

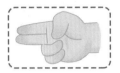 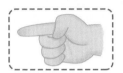 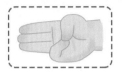

| 4－1 | 3－1 | 4－3 | 2－1 |

看手形，列算式并计算。

 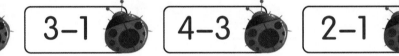

→ □ － □ ＝ □

→ □ － □ ＝ □

→ □ － □ ＝ □

→ □ － □ ＝ □

4 以内的数的直加直减

看图算数。

( ) + ( ) = ( )

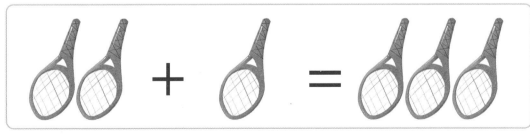

5

跟米拉朵学手指速算

比一比，哪只小螃蟹会更快爬到终点。

4-3=(　　)

4-2=(　　)

2+2=(　　)

2+1=(　　)

4-1=(　　)

3-1=(　　)

3-2=(　　)

1+3=(　　)

　　米拉朵去帮妈妈买蔬菜，超市里一共有4棵🥬，米拉朵买走了3棵🥬，现在还剩几棵🥬？根据题意和下面的手形，将最后的得数填在(　)里。

　　　　　　 － 　　　　　　 = (　　)

　　猴子皮皮有2个🎠，今天妈妈回来给他又买了一个🎠，现在一共有几个🎠？根据题意和下面的手形，将最后的得数填在(　)里。

　　　　　　 ＋ 　　　　　　 = (　　)

10 以内数的直加

花园里原本有 5 只 🦋，后来又飞来了 4 只，现在一共有几只 🦋？

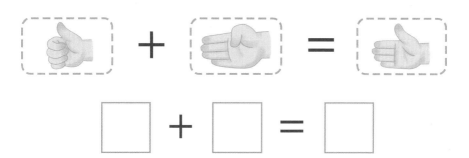

$$\Box + \Box = \Box$$

看图列式计算。

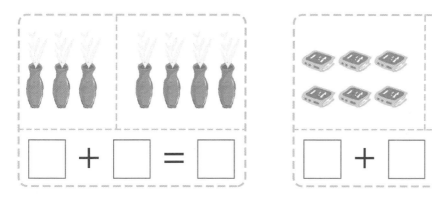

$$\Box + \Box = \Box \qquad \Box + \Box = \Box$$

将得数与对应的算式连接起来。

练一练

将算式与得数相应的手形用线连起来。

| 5+3 | 3+3 | 4+5 | 2+3 |

观察下列手形，根据手形列算式。

 + 　　 +

☐ + ☐ = ☐　　☐ + ☐ = ☐

 + 　　 +

☐ + ☐ = ☐　　☐ + ☐ = ☐

10 以内数的直减

看图完成算式。

 —  = （　　）

 —  = （　　）

 —  = （　　）

练一练

看手形，列算式并计算。

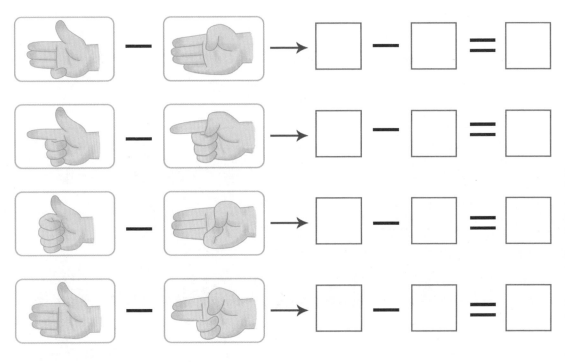

将得数相等的算式连起来。

10 以内数的直加直减

看图完成算式。

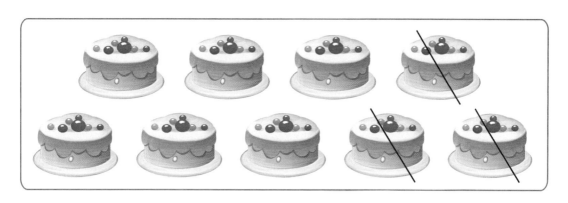

$-$ ( )

观察下列手形，根据手形列算式。

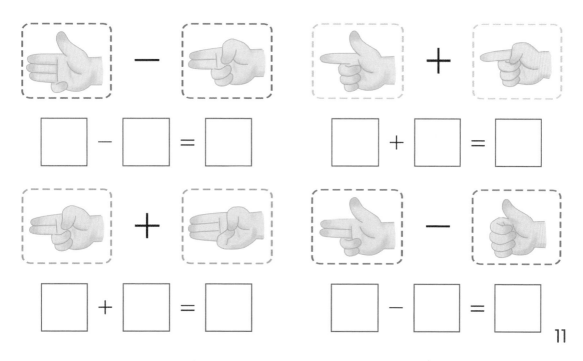

小朋友，伸出小手来一起算一算吧。

8
−7
+9
□

9
−7
+4
□

6
−2
+5
□

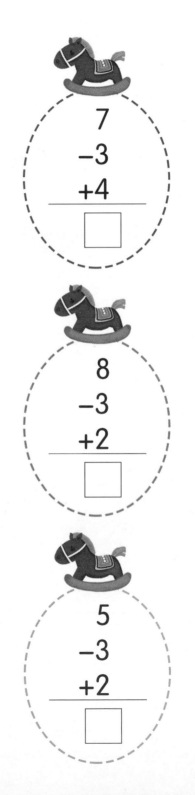

7
−3
+4
□

8
−3
+2
□

5
−3
+2
□

认识凑数

两个数相加等于5，这两个数互为凑数。

1和4，凑成5 ⟶	1和4互为凑数 1 + 4 = （ ）
2和3，凑成5 ⟶	2和3互为凑数 2 + 3 = （ ）
4和1，凑成5 ⟶	4和1互为凑数 4 + 1 = （ ）
3和2，凑成5 ⟶	3和2互为凑数 3 + 2 = （ ）

出指练习。

+ =

2 + 3 = 5

+ =

1 + 4 = 5

+ =

4 + 1 = 5

+ =

3 + 2 = 5

13

凑数的出指练习

把上下两排手形互为凑数是 5 的用线连起来。

  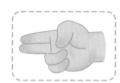 

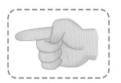 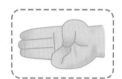 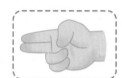 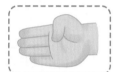

看图列算式。

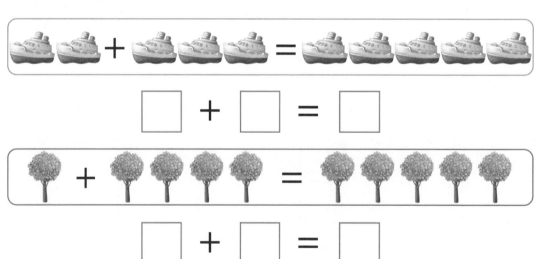

□ + □ = □

□ + □ = □

□ + □ = □

10 以内的伸拇指减凑加法

直加群数若不够，伸出拇指减去凑。

妈妈让米拉朵去超市买零食，米拉朵买了 3 袋薯片，又买了 3 袋锅巴，请问米拉朵一共买了多少零食？列出算式并计算。

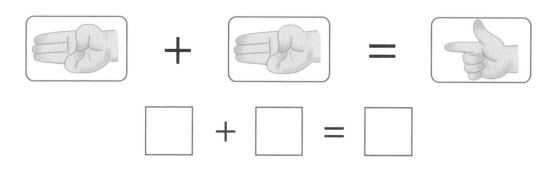

$$\square + \square = \square$$

看手形列式计算。

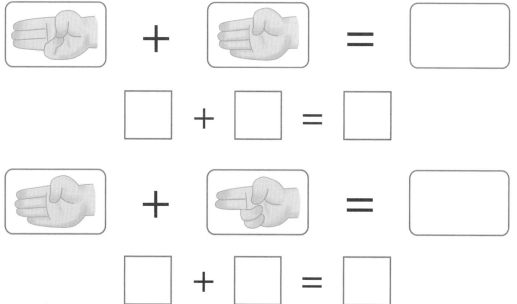

$$\square + \square = \square$$

$$\square + \square = \square$$

练一练

看图列算式。

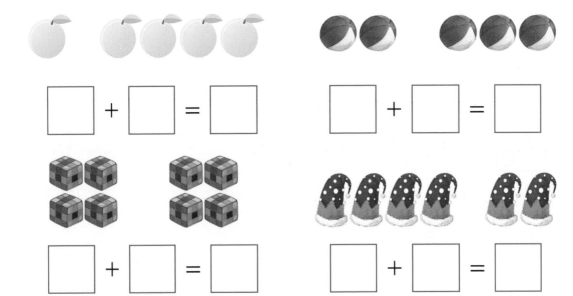

□ + □ = □   □ + □ = □

□ + □ = □   □ + □ = □

算一算，帮青蛙找到属于自己的荷叶，用线连起来。

10 以内数的屈拇加凑减法

直减群指若不够，屈回拇指加上凑。

米拉朵有 6 颗糖果，吃掉了 4 颗，请问还剩几颗糖果？列出算式并计算。

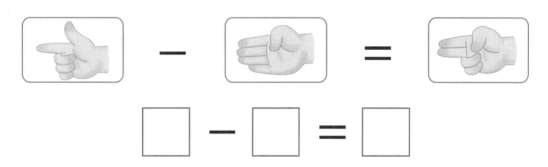

□ − □ = □

看手形列式计算。

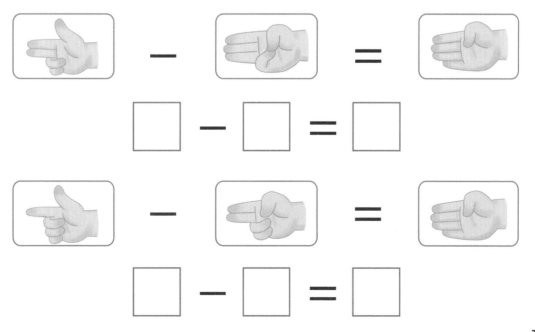

□ − □ = □

□ − □ = □

练一练

比一比，看谁算得快。

8 – 4 = ☐

6 – 3 = ☐

6 – 2 = ☐

7 – 4 = ☐

5 – 1 = ☐

7 – 3 = ☐

看图列算式。

☐ + ☐ = ☐

☐ + ☐ = ☐

认识尾数

6 – 5 = 1   ⟶   6 的尾数是 1

7 – 5 = 2   ⟶   7 的尾数是 2

8 – 5 = 3   ⟶   8 的尾数是 3

9 – 5 = 4   ⟶   9 的尾数是 4

出指训练。

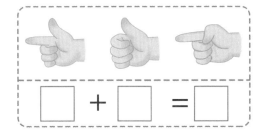

□ + □ = □

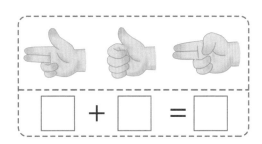

□ + □ = □

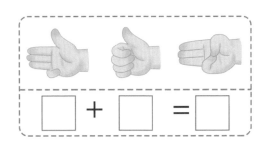

□ + □ = □

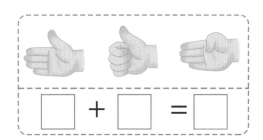

□ + □ = □

尾数练习

观察下列四组手形，在互为尾数一组的（）里打"√"，错误的打"×"。

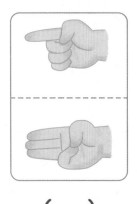 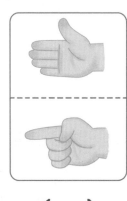 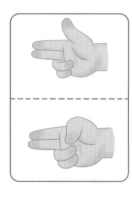 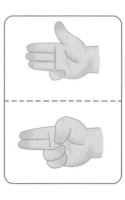

（　　）　　　（　　）　　　（　　）　　　（　　）

观察手形，找出下列数的尾数，用线连起来。

  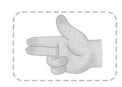 

快速写出下列数字的尾数。

6 的尾数是（　　）　　　7 的尾数是（　　）

8 的尾数是（　　）　　　9 的尾数是（　　）

10 以内的伸拇加尾加法

先伸拇指后加尾。

今天兔子妈妈让它帮自己在花园里拔一些胡萝卜，小兔子第一次拔了 1 根，第二次拔了 7 根，一共拔了多少胡萝卜？列式并计算。

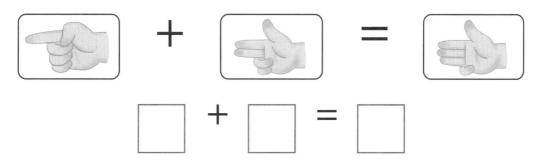

$$\square + \square = \square$$

看手形列式计算。

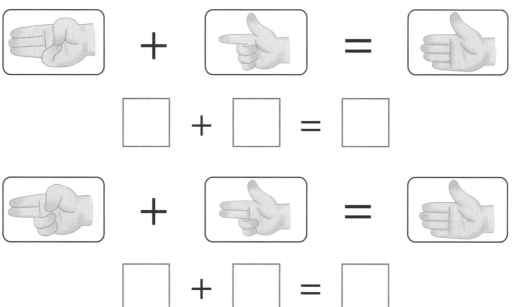

$$\square + \square = \square$$

$$\square + \square = \square$$

21

练一练

看图列算式。

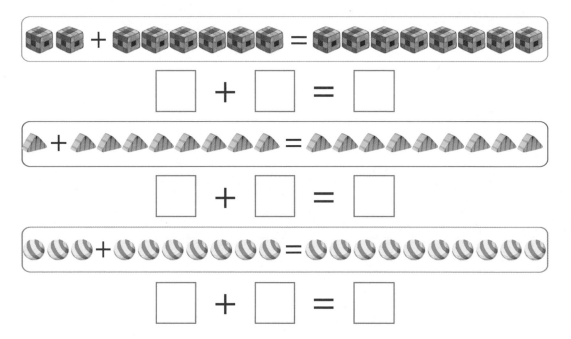

□ + □ = □

□ + □ = □

□ + □ = □

算出米拉朵列的算式，与它对应的小汽车连起来。

3 + 6

2 + 8

2 + 5

1 + 7

10

7

8

9

10 以内的伸拇减尾减法

　　春天到了，花园里一共开了 9 朵花，第二天凋谢了 7 朵，花园里还剩下几朵花？列式并计算。

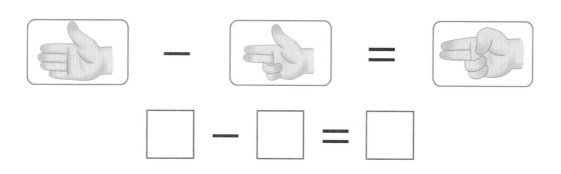

$$\boxed{} - \boxed{} = \boxed{}$$

看手形列式计算。

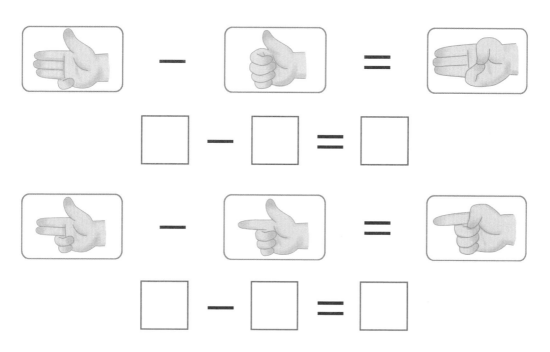

$$\boxed{} - \boxed{} = \boxed{}$$

$$\boxed{} - \boxed{} = \boxed{}$$

练一练

看图列算式，并计算。

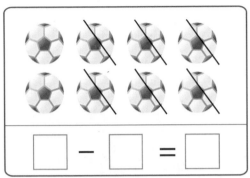

□ － □ ＝ □

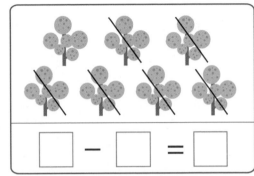

□ － □ ＝ □

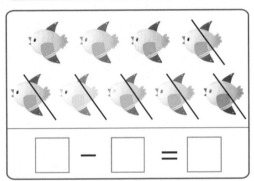

□ － □ ＝ □

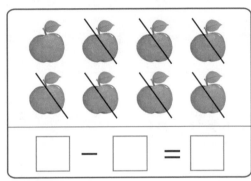

□ － □ ＝ □

连一连，帮小动物找到属于自己的气球。

9－8

7－6

9－6

9－7

①

③

①

②

10 以内的加减法

算一算。

3 + 4 = ☐

8 − 2 = ☐

2 + 5 = ☐

5 + 4 = ☐

4 + 4 = ☐

6 − 1 = ☐

2 + 4 = ☐

5 − 4 = ☐

3 + 3 = ☐

9 − 4 = ☐

3 + 6 = ☐

8 − 5 = ☐

看图列算式，并计算。

8	4	4	8
−1	+2	+5	+1
+2	+3	−2	−6
□	□	□	□

5	3	9	7
+1	+2	−5	+1
+2	+1	−2	−3
□	□	□	□

3	4	4	6
−1	+1	+2	−1
+4	+3	−1	−2
□	□	□	□

7	6	5	8
−3	+2	+3	−1
+2	+1	−2	−6
□	□	□	□

综 合 练 习

看图列算式，并计算。

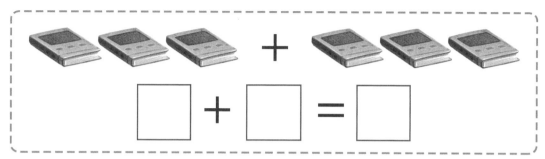

$$\boxed{} + \boxed{} = \boxed{}$$

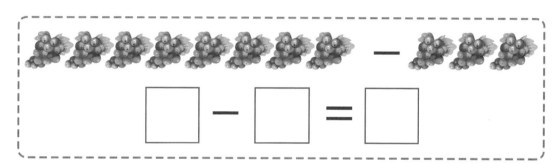

$$\boxed{} - \boxed{} = \boxed{}$$

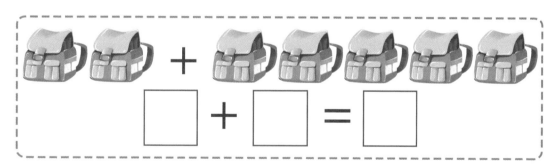

$$\boxed{} + \boxed{} = \boxed{}$$

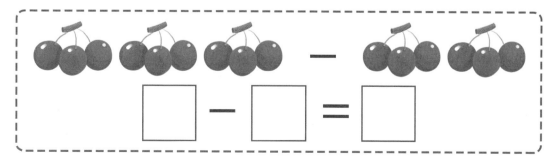

$$\boxed{} - \boxed{} = \boxed{}$$

看手形，列算式并计算。

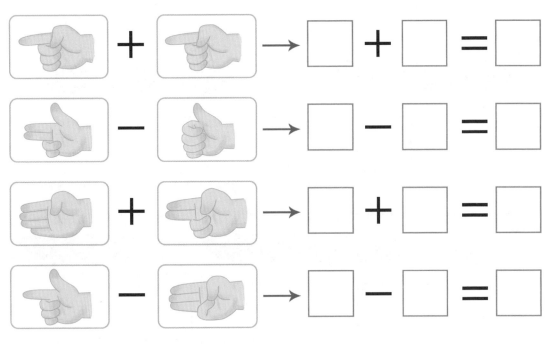

连一连，帮助小动物登船。

9-4　　7+1　　4-2　　3+3

6　　2　　8　　5

算一算。

$3 + 4 =$ ☐

$4 - 2 =$ ☐

$6 + 1 =$ ☐

$9 - 4 =$ ☐

$3 + 3 =$ ☐

$9 - 5 =$ ☐

$3 + 5 =$ ☐

$8 - 4 =$ ☐

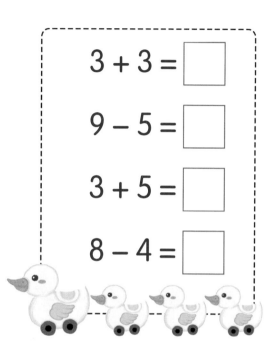

看手形计算，写出结果。

 $=$ ☐    $=$ ☐

 $=$ ☐    $=$ ☐

 $=$ ☐    $=$ ☐

 $=$ ☐

图书在版编目（CIP）数据

跟米拉朵学手指速算：函套共 6 册 / 葫芦弟弟编绘 . —北京：北京理工大学出版社，2019.9

ISBN 978-7-5682-7193-6

Ⅰ．①跟… Ⅱ．①葫… Ⅲ．①速算－学前教育－教学参考资料 Ⅳ．① G613.4

中国版本图书馆 CIP 数据核字（2019）第 129723 号

出版发行 / 北京理工大学出版社有限责任公司

社　　址 / 北京市海淀区中关村南大街 5 号

邮　　编 /100081

电　　话 /（010）68914775（总编室）

　　　　　（010）82562903（教材售后服务热线）

　　　　　（010）68948351（其他图书服务热线）

网　　址 /http：//www.bitpress.com.cn

经　　销 / 全国各地新华书店

印　　刷 / 福建省金盾彩色印刷有限公司

开　　本 /720 毫米 ×1000 毫米　　1/16

印　　张 /12　　　　　　　　　　　　　　　　　　　责任编辑 / 高　芳

字　　数 /78 千字　　　　　　　　　　　　　　　　　文案编辑 / 胡　莹

版　　次 /2019 年 9 月第 1 版　2019 年 9 月第 1 次印刷　责任校对 / 周瑞红

定　　价 /60.00 元（全 6 册）　　　　　　　　　　　　责任印制 / 施胜娟

幼小衔接：学前智力开发课程

跟米拉朵学

手指速算

三

葫芦弟弟◎编绘

北京理工大学出版社
BEIJING INSTITUTE OF TECHNOLOGY PRESS

目 录

两位数的直加

> 十位加十位，个位加个位，十位加左手，个位加右手。

米拉朵和大大猪在花园里数🐝，米拉朵数了 21 只，大大猪数了 14 只，请问他们两一共数了几只🐝？列式并计算。

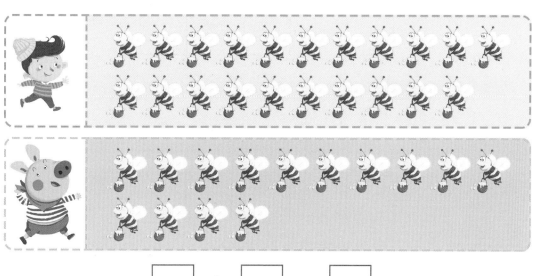

十位 + =

个位 + =

+ =

桌子上有 15 个🍎，14 个🍈，那么桌子上一共有多少个水果？列式并计算。

(+) + (+) = (+)

□ + □ = □

1

两位数的直加练习

根据手形列算式。

$$\square \quad + \quad \square \quad = \quad \square$$

$$\square \quad + \quad \square \quad = \quad \square$$

$$\square \quad + \quad \square \quad = \quad \square$$

$$\square \quad + \quad \square \quad = \quad \square$$

手指速算（三）

想一想，算一算。

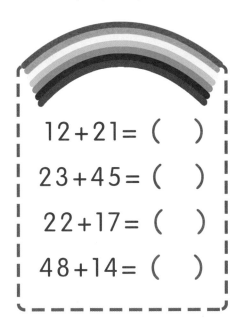

12+21＝（　　）

23+45＝（　　）

22+17＝（　　）

48+14＝（　　）

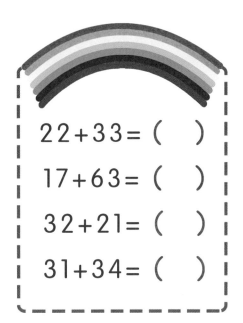

22+33＝（　　）

17+63＝（　　）

32+21＝（　　）

31+34＝（　　）

连一连，帮助公交车找到属于自己的站牌。

22+16

51+23

44+13

33+34

BUS
57

BUS
38

BUS
67

BUS
74

3

两位数的直减

十位减十位，个位减个位，十位减左手，个位减右手。

米拉朵和大大猪一起买猕猴桃，米拉朵买了 23 个，大大猪买了 12 个，米拉朵比大大猪多买几个猕猴桃？列式并计算。

动物园里有 33 只白天鹅，有 21 只黑天鹅，白天鹅比黑天鹅多多少只？列式并计算。

两位数的直减练习

根据手形列算式。

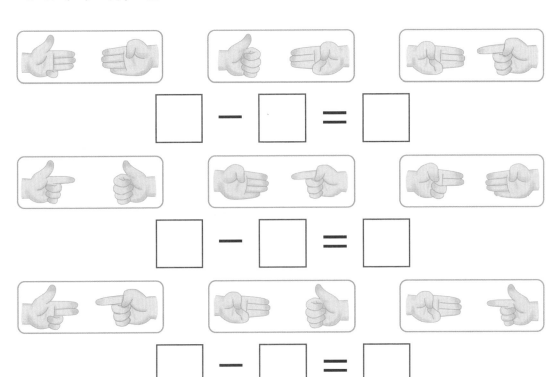

$\boxed{} - \boxed{} = \boxed{}$

$\boxed{} - \boxed{} = \boxed{}$

$\boxed{} - \boxed{} = \boxed{}$

想一想，算一算。

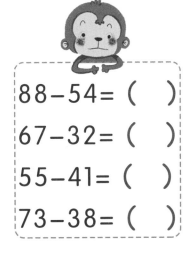

88－54＝（　　）

67－32＝（　　）

55－41＝（　　）

73－38＝（　　）

96－55＝（　　）

25－19＝（　　）

69－22＝（　　）

57－39＝（　　）

校车上原本有 25 个 ，中途下车了 12 个，现在校车上有多少人?

$$\boxed{} + \boxed{} = \boxed{}$$

桌子上有 18 颗，米拉朵吃掉了 11 颗，桌子上还剩多少颗？

$$\boxed{} + \boxed{} = \boxed{}$$

帮小鸭子找到自己的家。

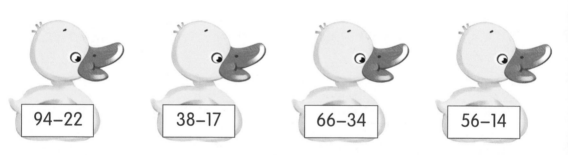

94-22　　38-17　　66-34　　56-14

32　　42　　72　　21

两位数的伸拇减凑加法

十位加起分两手，十位减左个减右，

直加群数若不够，伸出拇指减去凑。

米拉朵有 34 颗 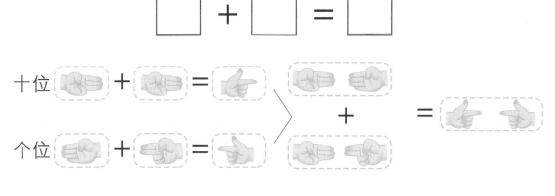，大大猪有 32 颗 ，米拉朵和

大大猪一共有多少颗糖？

$$\boxed{} + \boxed{} = \boxed{}$$

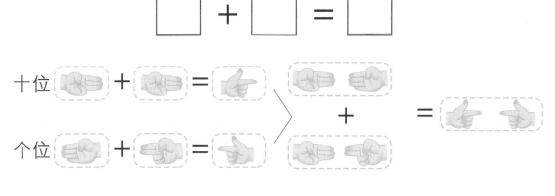

根据手形列算式。

$$\boxed{} + \boxed{} = \boxed{}$$

$$\boxed{} + \boxed{} = \boxed{}$$

两位数的伸拇减凑加法练习

想一想，算一算。

45+23=（　　）

22+35=（　　）

33+55=（　　）

43+54=（　　）

54+24=（　　）

23+65=（　　）

72+24=（　　）

32+26=（　　）

算一算，连一连。

57

68

58

78

25+43

33+25

13+44

44+34

根据手形列算式。

米拉朵和爸爸一起制作风筝，爸爸做了 33 个，米拉朵做了 23 个，请问米拉朵和爸爸一共制作了多少个风筝？

☐ + ☐ = ☐

两位数的屈拇加凑减法

十位减起分两手，十位减左个减右，

直减群数若不够，屈回拇指加上凑。

树上有 38 个 🍑 ，米拉朵摘走了 14 个 🍑 ，现在树上

还有多少个 🍑 ？

$$\boxed{} - \boxed{} = \boxed{}$$

十位 ✋ − 👉 = ✌

个位 ✋ − ✊ = ✌

根据手形列算式。

$$\boxed{} - \boxed{} = \boxed{}$$

$$\boxed{} - \boxed{} = \boxed{}$$

两位数的屈拇加凑减法练习

算一算，连一连。

37−24

48−14

26−12

78−23

34

14

55

13

帮小动物算一算，将正确的答案涂成红色。

55−23 ⟶ 23 / 32

47−13 ⟶ 33 / 34

76−33 ⟶ 33 / 43

38−24 ⟶ 14 / 24

算一算，填一填。

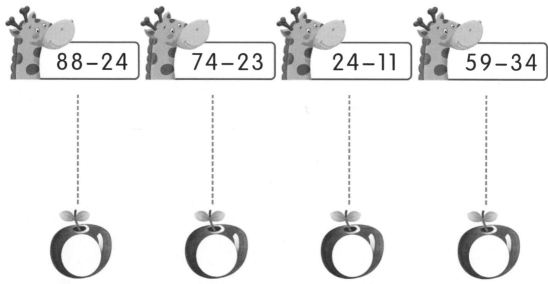

| 88-24 | 74-23 | 24-11 | 59-34 |

看图列式计算。

$$\boxed{} - \boxed{} = \boxed{} \qquad\qquad \boxed{} - \boxed{} = \boxed{}$$

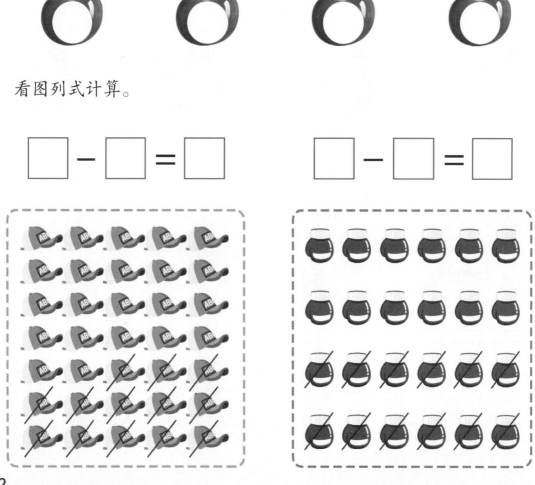

两位数的伸拇加尾加法

米拉朵和妈妈一起数 🔺，妈妈数了 66 块，米拉朵数了 13 块，妈妈和米拉朵一共数了多少块 🔺？列式并计算。

$$\boxed{} + \boxed{} = \boxed{}$$

十位 ✋ + 👈 = 👈   👆👈
                              +   = 👍👍
个位 ✋ + 👈 = 👍   👈👈

根据手形列算式。

👆👆 + 👆👈 = 👈👈

$$\boxed{} + \boxed{} = \boxed{}$$

👈👈 + ✋👈 = 👈👈

$$\boxed{} + \boxed{} = \boxed{}$$

13

两位数的伸拇加尾加法练习

算一算，连一连。

| 22+66 | 11+67 | 13+66 | 12+77 |

78   88   89   79

米拉朵在蔬菜园里采摘 23 个 ，妈妈采摘了 66 个，米拉朵和妈妈一共采摘了多少个 ？

$$\square \ + \ \square \ = \ \square$$

水果店里有 32 个 ，店主又进了一批水果，有 66 个，请问水果店现在有多少个 ？

$$\square \ + \ \square \ = \ \square$$

想一想，算一算。

33+66=（ ）   23+76=（ ）

12+66=（ ）   21+38=（ ）

22+67=（ ）   21+67=（ ）

看手形计算，写出得数。

 + = ☐

 + = ☐

 + = ☐

 + = ☐

 + = ☐

两位数的屈拇减尾减法

先屈拇指后减尾。

花店里有97盆 ，66盆 ， 比

多了多少盆？

$$\boxed{} - \boxed{} = \boxed{}$$

十位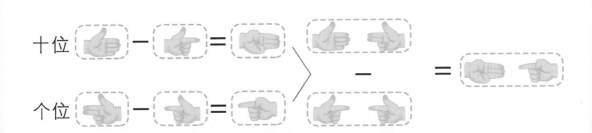

个位

体育用品店有89个 ，卖掉了67个 ，请问体

育用品店里还剩多少个 ？

$$\boxed{} - \boxed{} = \boxed{}$$

两位数的屈拇减尾减法练习

想一想，算一算。

88－66＝（　　）

97－68＝（　　）

79－67＝（　　）

98－77＝（　　）

97－86＝（　　）

89－67＝（　　）

88－77＝（　　）

98－86＝（　　）

看手形列算式。

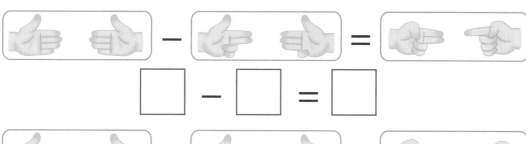

$$\square－\square＝\square$$

$$\square－\square＝\square$$

$$\square－\square＝\square$$

只有得数相同的小动物可以打通电话，算一算，将它们连起来。

89－66   78－32

89－30

69－22

59－13

58－35

59－12   99－40

玩具店里有 56 个 ⬡ ，卖掉了 32 个 ⬡ ，请问

玩具店里还剩多少个 ⬡ ？

整十数的加减

小朋友，一起帮米拉朵算算式吧。

20+30= ☐   40+50= ☐

90−60= ☐   80−20= ☐

10+40= ☐   20+20= ☐

50−10= ☐   70−60= ☐

算一算，圈出对应的篮球。

 60+20

 50   80   60   70

 90−70

20   60   30   90

 30+50

10   30   20   80

19

认识补数

两个数相加和为 10，那么这两个数互为补数。

1 加 9 等于 10, 1 和 9 互为补。--------- $1+9=10$

2 加 8 等于 10, 2 和 8 互为补。--------- $2+8=10$

3 加 7 等于 10, 3 和 7 互为补。--------- $3+7=10$

4 加 6 等于 10, 4 和 6 互为补。--------- $4+6=10$

5 加 5 等于 10, 5 和 5 互为补。--------- $5+5=10$

出指训练。

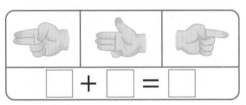

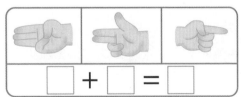

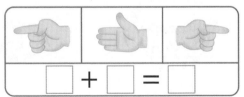

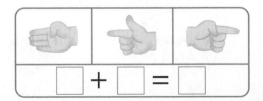

补数的出指练习

观察下面两组手形，把互为补数的手形连起来。

请涂出和下列数的补数相等数量的图形。

进一减补加法

直加手指若不够，左手进一右屈补。

米拉朵和大大猪在花园里数小蚂蚁，米拉朵数了 18 只蚂蚁，大大猪数了 6 只，他们一共数了多少只？

列式并计算。

$$\Box \ + \ \Box \ = \ \Box$$

来帮大大猪算一算树桩上的算式吧。

16 + 18 = □

26 + 37 = □

22

进一减补加法口诀

加数分别是 1~9，运算口诀是：

1 进 1 减 9， +1 = +10 − 9 ------- 9+1=10

2 进 1 减 8， +2 = +10 − 8 ------- 8+2=10

3 进 1 减 7， +3 = +10 − 7 ------- 7+3=10

4 进 1 减 6， +4 = +10 − 6 ------- 6+4=10

5 进 1 减 5， +5 = +10 − 5 ------- 5+5=10

6 进 1 减 4， +6 = +10 − 4 ------- 4+6=10

7 进 1 减 3， +7 = +10 − 3 ------- 3+7=10

8 进 1 减 2， +8 = +10 − 2 ------- 2+8=10

9 进 1 减 1， +9 = +10 − 1 ------- 1+9=10

进一减补加法练习

观察手形，并计算出得数。

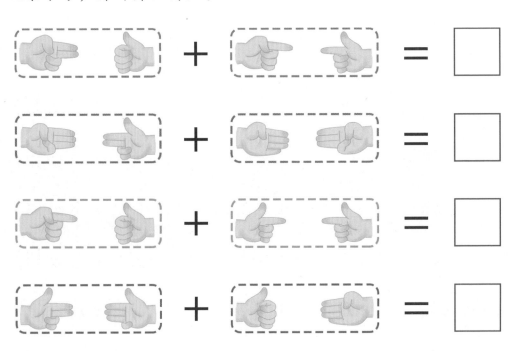

算一算，连一连。

| 32+59 | 48+24 | 36+44 | 76+19 | 58+23 |

| 81 | 91 | 72 | 80 | 95 |

练一练，算一算。

$5\,5 + 3\,5 =$ ☐

$6\,7 + 2\,8 =$ ☐

$1\,9 + 3\,5 =$ ☐

$3\,9 + 4\,8 =$ ☐

$1\,8 + 2\,5 =$ ☐

$3\,7 + 4\,8 =$ ☐

$6\,9 + 2\,5 =$ ☐

$4\,7 + 3\,8 =$ ☐

算一算，涂出正确的答案。

36+24　　60　　80

75+16　　81　　91

37+29　　66　　77

27+46　　53　　73

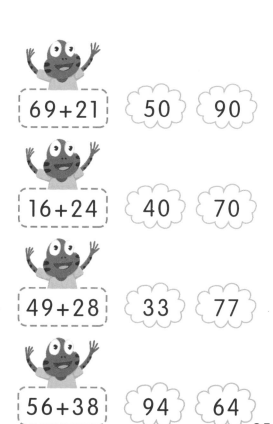

69+21　　50　　90

16+24　　40　　70

49+28　　33　　77

56+38　　94　　64

退一加补减法

直减手指若不够，左手退一右加补。

树上原本有 23 个桃子，米拉朵和小猴子采摘了 14 个，现在树上还有多少个桃子？

想一想，算一算。

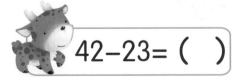
42−23=（   ）

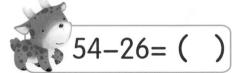
54−26=（   ）

57−19=（   ）

63−37=（   ）

退一加补减法口诀

减数分别是 1~9，运算口诀是：

1 退 1 减 9， $-1=-10+9$ ------	$10-1=9$
2 退 1 减 8， $-2=-10+8$ ------	$10-2=8$
3 退 1 减 7， $-3=-10+7$ ------	$10-3=7$
4 退 1 减 6， $-4=-10+6$ ------	$10-4=6$
5 退 1 减 5， $-5=-10+5$ ------	$10-5=5$
6 退 1 减 4， $-6=-10+4$ ------	$10-6=4$
7 退 1 减 3， $-7=-10+3$ ------	$10-7=3$
8 退 1 减 2， $-8=-10+2$ ------	$10-8=4$
9 退 1 减 1， $-9=-10+1$ ------	$10-9=1$

退一加补减法练习

观察手形，并计算出得数。

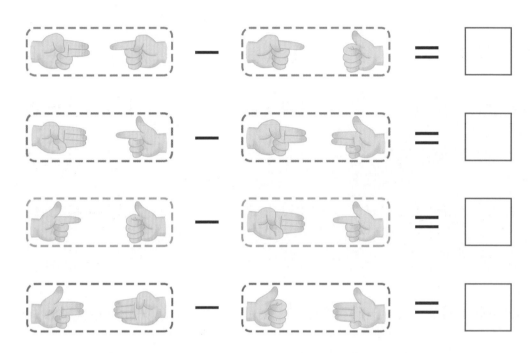

菜园里的  成熟啦，一共有 24 个 ，米拉朵准

备帮妈妈摘 15 个 ，他摘完之后菜园里还剩几个 ？

列式并计算。

$$\boxed{} - \boxed{} = \boxed{}$$

体育用品店里有 33 个 ，老师要给班里的学生买 19

个 ，现在还剩多少个 ？列式并计算出答案。

$$\square - \square = \square$$

和米拉朵、大大猪一起算一算吧。

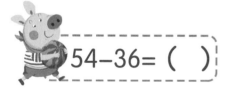

54－36＝（　　）

32－16＝（　　）

73－25＝（　　）

58－19＝（　　）

21－19＝（　　）

62－24＝（　　）

56－47＝（　　）

31－19＝（　　）

29

图书在版编目（CIP）数据

跟米拉朵学手指速算：函套共6册 / 葫芦弟弟编绘 . —北京：北京理工大学出版社，2019.9

　　ISBN 978-7-5682-7193-6

Ⅰ．①跟… Ⅱ．①葫… Ⅲ．①速算－学前教育－教学参考资料 Ⅳ．① G613.4

中国版本图书馆 CIP 数据核字（2019）第 129723 号

出版发行 / 北京理工大学出版社有限责任公司

社　　　址 / 北京市海淀区中关村南大街 5 号

邮　　　编 / 100081

电　　　话 / （010）68914775（总编室）

　　　　　　（010）82562903（教材售后服务热线）

　　　　　　（010）68948351（其他图书服务热线）

网　　　址 / http：//www.bitpress.com.cn

经　　　销 / 全国各地新华书店

印　　　刷 / 福建省金盾彩色印刷有限公司

开　　　本 / 720 毫米 ×1000 毫米　　1/16

印　　　张 / 12　　　　　　　　　　　　　　　　　　责任编辑 / 高　芳

字　　　数 / 78 千字　　　　　　　　　　　　　　　　文案编辑 / 胡　莹

版　　　次 / 2019 年 9 月第 1 版　2019 年 9 月第 1 次印刷　　责任校对 / 周瑞红

定　　　价 / 60.00 元（全 6 册）　　　　　　　　　　　责任印制 / 施胜娟

幼小衔接：学前智力开发课程

跟米拉朵学

手指速算

四

葫芦弟弟◎编绘

北京理工大学出版社

BEIJING INSTITUTE OF TECHNOLOGY PRESS

目 录

数字 0~4 的书写与出指练习

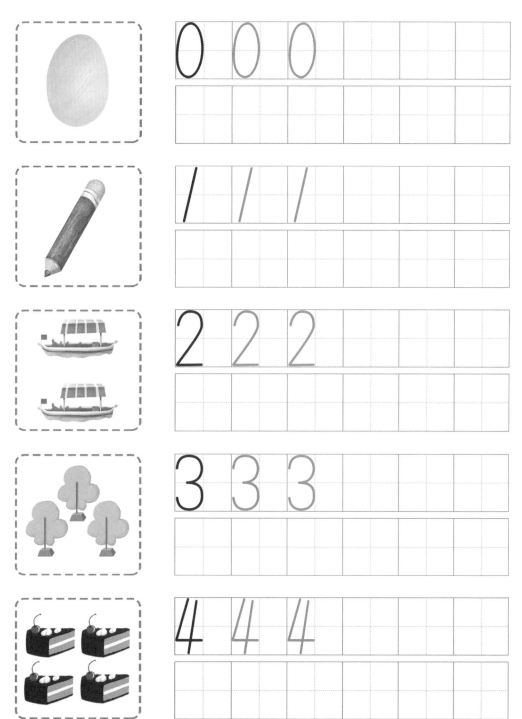

跟米拉朵学手指速算

根据数字圈出对应的手形。

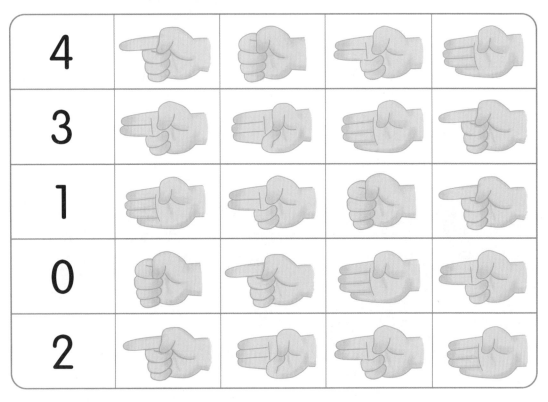

将数字与对应的手形连起来。

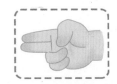    

2

看手形，填数字。

请找出下面表示"3"的手形，在涂上红色。

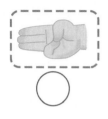 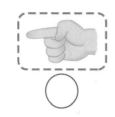  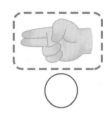

○ ○ ○ ○

请找出下面表示"2"的手形，在涂上红色。

 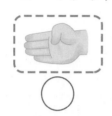 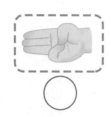 

○ ○ ○ ○

请找出下面表示"4"的手形，在涂上红色。

 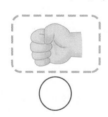  

○ ○ ○ ○

请找出下面表示"1"的手形，在涂上红色。

 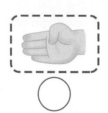  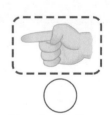

○ ○ ○ ○

请找出下面表示"0"的手形，在涂上红色。

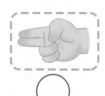  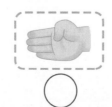 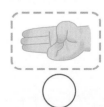

○ ○ ○ ○

数字 0~4 的出指练习

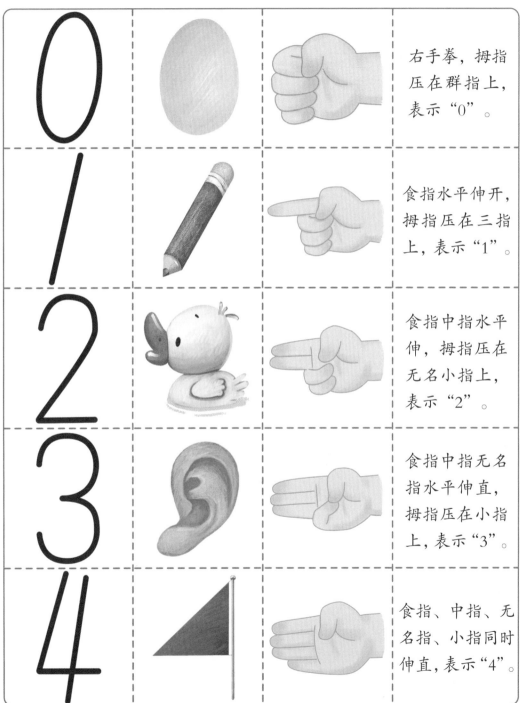

0			右手拳，拇指压在群指上，表示"0"。
1			食指水平伸开，拇指压在三指上，表示"1"。
2			食指中指水平伸，拇指压在无名小指上，表示"2"。
3			食指中指无名指水平伸直，拇指压在小指上，表示"3"。
4			食指、中指、无名指、小指同时伸直，表示"4"。

数字 5~9 的书写与出指练习

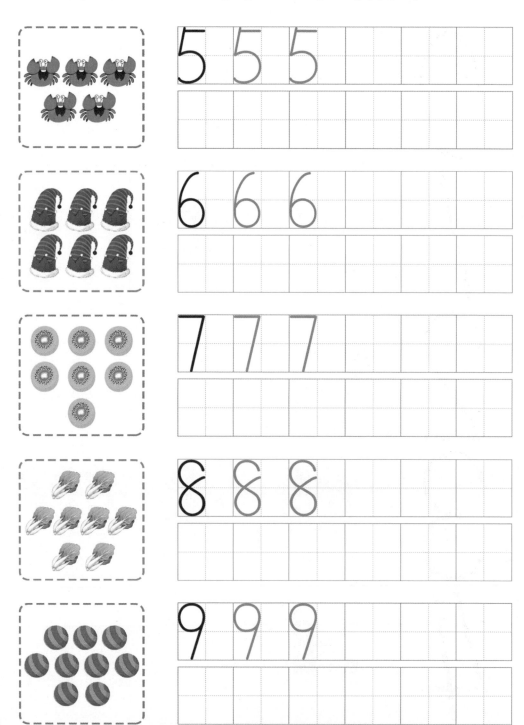

手指速算(四)

和米拉朵、大大猪一起根据数字练习出指吧。

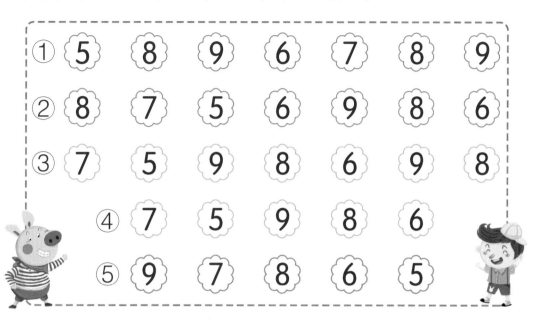

① 5 8 9 6 7 8 9
② 8 7 5 6 9 8 6
③ 7 5 9 8 6 9 8
④ 7 5 9 8 6
⑤ 9 7 8 6 5

观察手形，与相对应的数字连起来。

9 5 7 8 6

7

看手形，填数字。

请找出下面表示"9"的手形，在涂上红色。

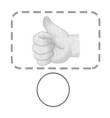   

◯　　　　◯　　　　◯　　　　◯

请找出下面表示"7"的手形，在涂上红色。

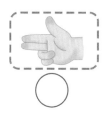   

◯　　　　◯　　　　◯　　　　◯

请找出下面表示"6"的手形，在涂上红色。

◯　　　　◯　　　　◯　　　　◯

请找出下面表示"5"的手形，在涂上红色。

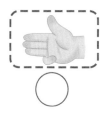   

◯　　　　◯　　　　◯　　　　◯

请找出下面表示"8"的手形，在涂上红色。

◯　　　　◯　　　　◯　　　　◯

数字 5~9 的出指训练

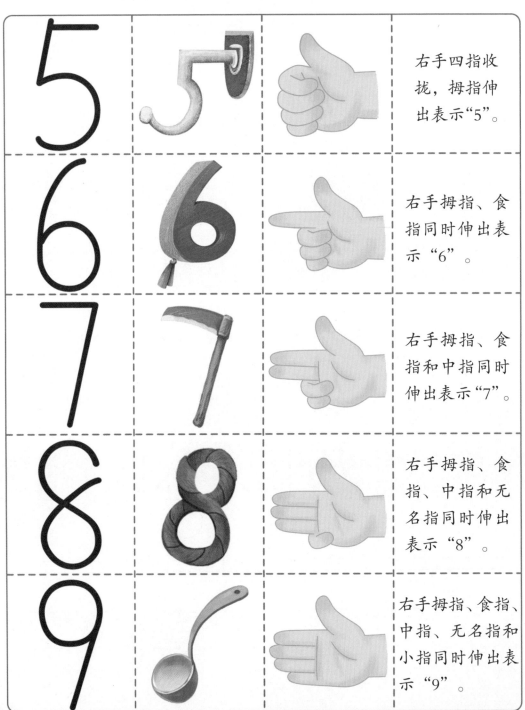

5			右手四指收拢，拇指伸出表示"5"。
6			右手拇指、食指同时伸出表示"6"。
7			右手拇指、食指和中指同时伸出表示"7"。
8			右手拇指、食指、中指和无名指同时伸出表示"8"。
9			右手拇指、食指、中指、无名指和小指同时伸出表示"9"。

单、双手出指练习

单手练习。

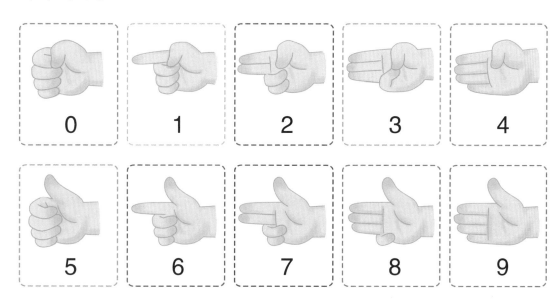

双手练习。

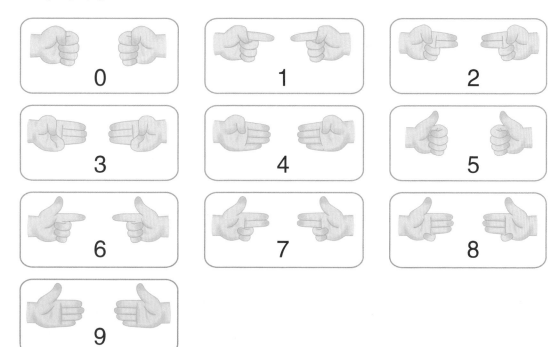

9 以内数的分解与组成

在"□"里填上合适的数字。

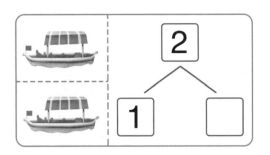

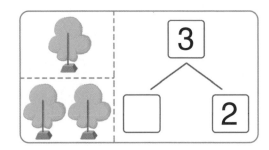

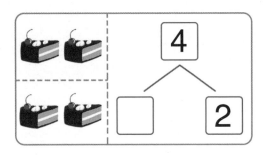

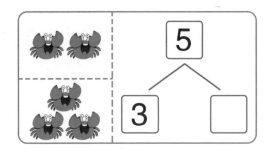

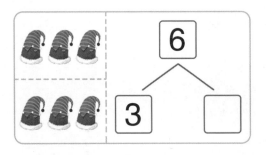

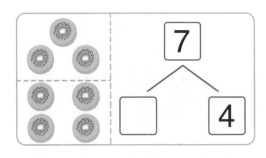

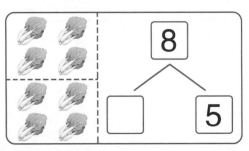

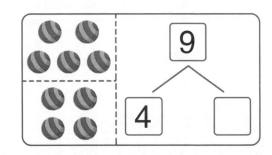

在下面的"□"里填上合适的数字。

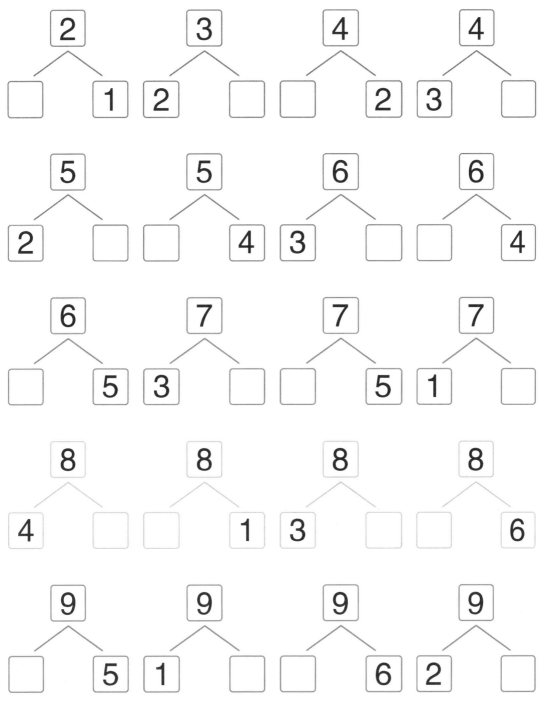

看手形填数字。

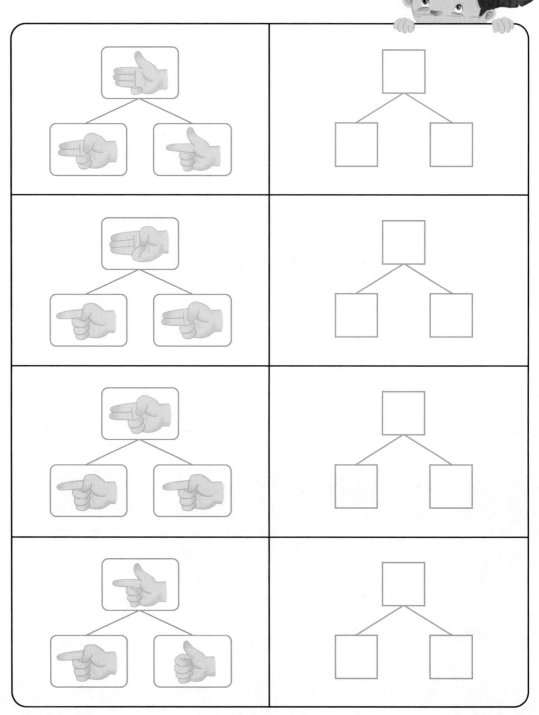

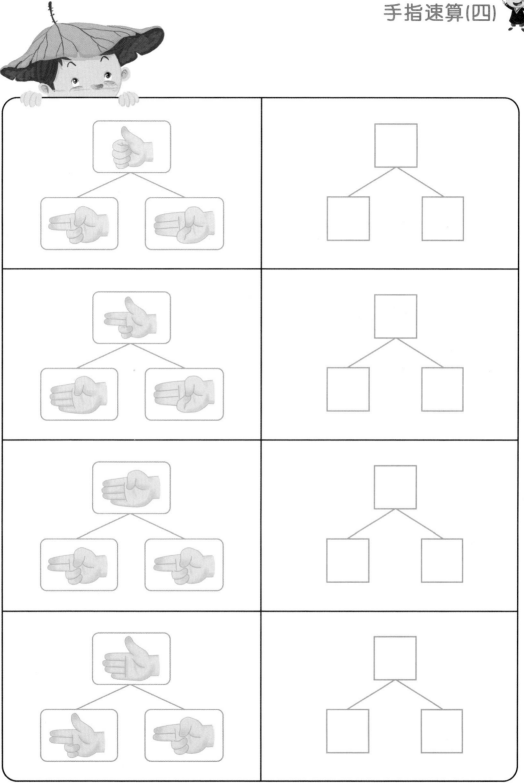

看手形填数字，完成分解式。

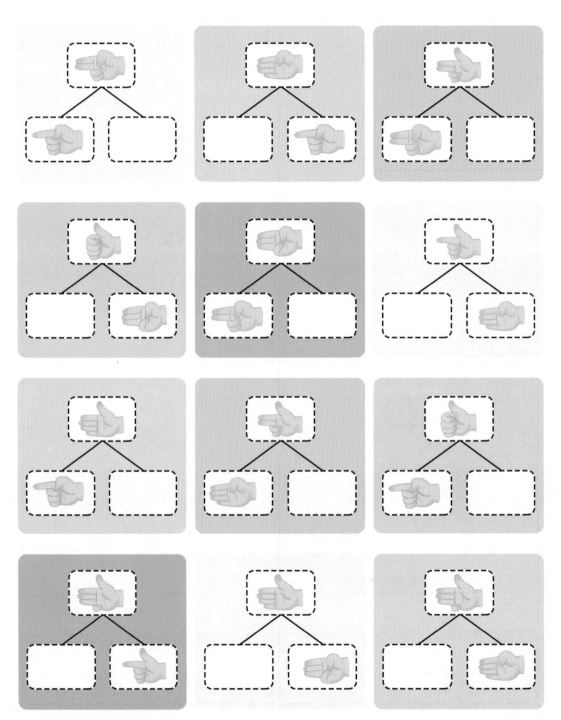

9 以内数的组成及出指练习

根据图示练习出指。

2 的组成及出指练习

   ⟶ 1和1组成2

3 的组成及出指练习

   ⟶ 1和2组成3

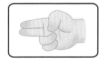   ⟶ 2和1组成3

4 的组成及出指练习

  ⟶ 1和3组成4

 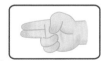 ⟶ 2和2组成4

  ⟶ 3和1组成4

5 的组成及出指练习

  ——→ 1 和 4 组成 5

   ——→ 2 和 3 组成 5

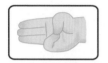 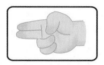 ——→ 3 和 2 组成 5

  ——→ 4 和 1 组成 5

6 的组成及出指练习

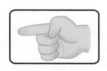   ——→ 1 和 5 组成 6

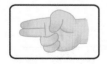   ——→ 2 和 4 组成 6

  ——→ 4 和 2 组成 6

   → 5 和 1 组成 6

   → 3 和 3 组成 6

7 的组成及出指练习

   → 1 和 6 组成 7

   → 3 和 4 组成 7

   → 4 和 3 组成 7

   → 2 和 5 组成 7

   → 5 和 2 组成 7

 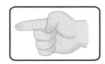  → 6 和 1 组成 7

8 的组成及出指练习

   ⟶ 1 和 7 组成 8

  ⟶ 2 和 6 组成 8

 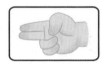 ⟶ 6 和 2 组成 8

   ⟶ 4 和 4 组成 8

   ⟶ 3 和 5 组成 8

 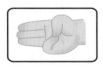  ⟶ 5 和 3 组成 8

 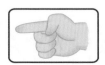 ⟶ 7 和 1 组成 8

9 的组成及出指练习

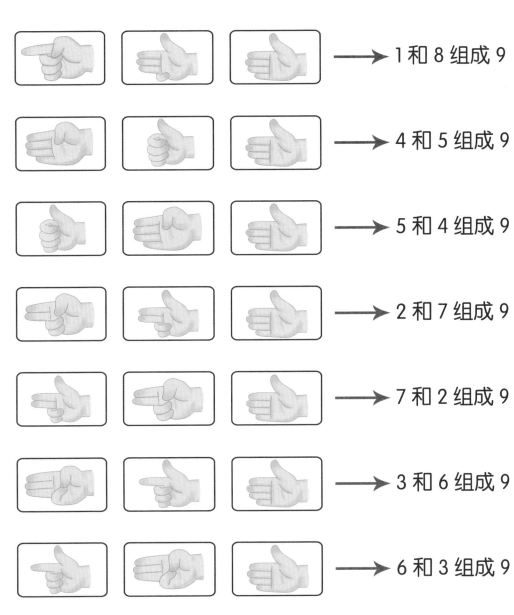

→ 1 和 8 组成 9

→ 4 和 5 组成 9

→ 5 和 4 组成 9

→ 2 和 7 组成 9

→ 7 和 2 组成 9

→ 3 和 6 组成 9

→ 6 和 3 组成 9

→ 8 和 1 组成 9

整十数的书写与出指练习

描一描，写一写。

10 10 10 10

20 20 20 20

30 30 30 30

40 40 40 40

50 50 50 50

60 60 60 60

70 70 70 70

80 80 80 80

90 90 90 90

将相应的数字与手形连起来。

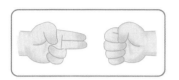  

50   20   90   80   60

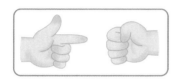 

看手形，填数字。

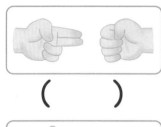 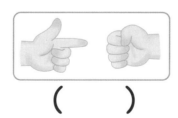 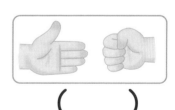

（   ）   （   ）   （   ）

  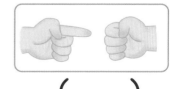

（   ）   （   ）   （   ）

（   ）   （   ）   （   ）

100 以内的数序练习

观察手形，按规律在（ ）里填数字。

观察手形，帮米拉朵找找冰淇淋吧。

帮小动物们排好队。

100 以内的出指练习

看手形填数字。

( )	( )	( )	( )
( )	( )	( )	( )
( )	( )	( )	( )
( )	( )	( )	( )
( )	( )	( )	( )
( )	( )	( )	( )
( )	( )	( )	( )

(　　)　　(　　)　　(　　)　　(　　)

(　　)　　(　　)　　(　　)　　(　　)

(　　)　　(　　)　　(　　)　　(　　)

(　　)　　(　　)　　(　　)　　(　　)

(　　)　　(　　)　　(　　)　　(　　)

(　　)　　(　　)　　(　　)　　(　　)

(　　)　　(　　)　　(　　)　　(　　)

（　　）　　（　　）　　（　　）　　（　　）

（　　）　　（　　）　　（　　）　　（　　）

（　　）　　（　　）　　（　　）　　（　　）

（　　）　　（　　）　　（　　）　　（　　）

（　　）　　（　　）　　（　　）　　（　　）

（　　）　　（　　）　　（　　）　　（　　）

（　　）　　（　　）　　（　　）　　（　　）

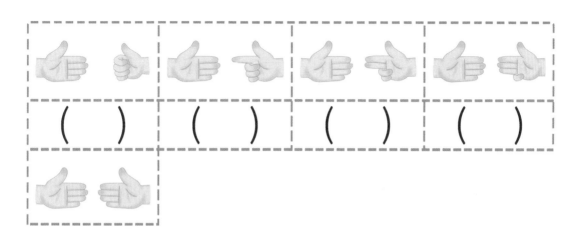

观察手形，连一连。

 53   77   83   67   39   24

图书在版编目（CIP）数据

跟米拉朵学手指速算：函套共 6 册 / 葫芦弟弟编绘 . —北京：北京理工大学出版社，2019.9

　　ISBN 978-7-5682-7193-6

　　Ⅰ . ①跟… Ⅱ . ①葫… Ⅲ . ①速算－学前教育－教学参考资料
Ⅳ . ① G613.4

　　中国版本图书馆 CIP 数据核字（2019）第 129723 号

出版发行 / 北京理工大学出版社有限责任公司
社　　　址 / 北京市海淀区中关村南大街 5 号
邮　　　编 / 100081
电　　　话 / （010）68914775（总编室）
　　　　　　（010）82562903（教材售后服务热线）
　　　　　　（010）68948351（其他图书服务热线）
网　　　址 / http：//www.bitpress.com.cn
经　　　销 / 全国各地新华书店
印　　　刷 / 福建省金盾彩色印刷有限公司
开　　　本 / 720 毫米 ×1000 毫米　　1/16
印　　　张 / 12　　　　　　　　　　　　　　　责任编辑 / 高　　芳
字　　　数 / 78 千字　　　　　　　　　　　　文案编辑 / 胡　　莹
版　　　次 / 2019 年 9 月第 1 版　2019 年 9 月第 1 次印刷　责任校对 / 周瑞红
定　　　价 / 60.00 元（全 6 册）　　　　　　责任印制 / 施胜娟

幼小衔接：学前智力开发课程

跟米拉朵学

手指速算

五

葫芦弟弟◎编绘

北京理工大学出版社
BEIJING INSTITUTE OF TECHNOLOGY PRESS

目 录

认识加法

描一描，写一写。

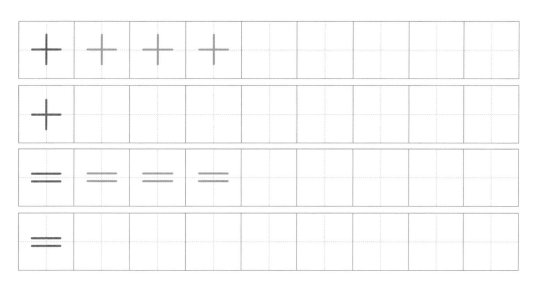

帮大大猪和米拉朵找到各自的玩具吧。

1 + 2

3 + 1

1 + 1

4

2

3

1

4 以内的直加练习

看出指图示列出算式并计算。

（图示）＋（图示）→ □ ＋ □ ＝ □

（图示）＋（图示）→ □ ＋ □ ＝ □

（图示）＋（图示）→ □ ＋ □ ＝ □

（图示）＋（图示）→ □ ＋ □ ＝ □

（图示）＋（图示）→ □ ＋ □ ＝ □

（图示）＋（图示）→ □ ＋ □ ＝ □

认识减法

描一描，写一写。

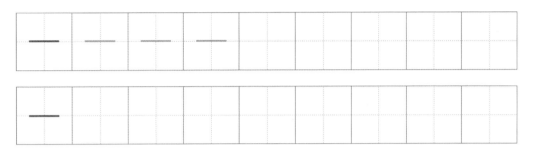

算一算，连一连。

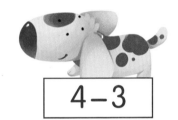

4 以内的直减练习

看出指图示列出算式并计算。

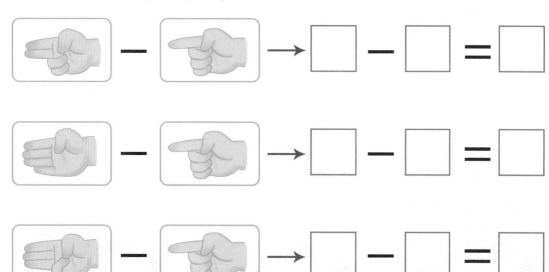

看出指图示列出算式并计算。

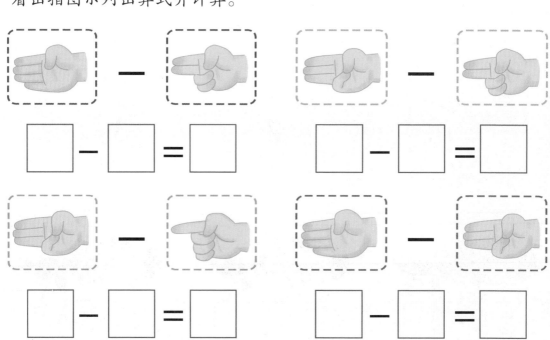

4 以内的直加直减练习

看出指图示列算式并计算。

+ → □ + □ = □

− → □ − □ = □

+ → □ + □ = □

− → □ − □ = □

+ → □ + □ = □

− → □ − □ = □

帮小动物们算一算，看谁算得快。

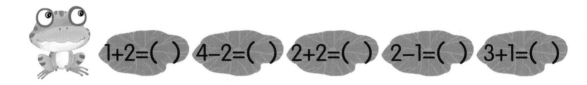

1+2=（　）　4-2=（　）　2+2=（　）　2-1=（　）　3+1=（　）

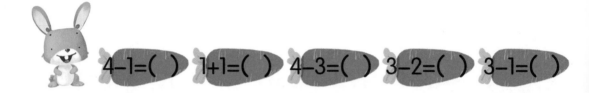

4-1=（　）　1+1=（　）　4-3=（　）　3-2=（　）　3-1=（　）

想一想，算一算。

4	2	2	3
-1	+1	-1	+1
□	□	□	□

2	3	1	4
+2	-2	+1	-3
□	□	□	□

2	3	4	1
+2	-1	-1	+1
-1	+2	-2	+2
□	□	□	□

10 以内的直加练习

想一想，填一填。

+ → ☐ + ☐ = ☐

+ → ☐ + ☐ = ☐

+ → ☐ + ☐ = ☐

+ → ☐ + ☐ = ☐

+ → ☐ + ☐ = ☐

+ → ☐ + ☐ = ☐

跟米拉朵学手指速算

想一想，算一算。

6	4	5	7
+2	+1	+3	+2
□	□	□	□

2	5	6	4
+2	+2	+2	+2
+3	+1	+2	+3
□	□	□	□

8	3	4	2
+2	+2	+3	+2
□	□	□	□

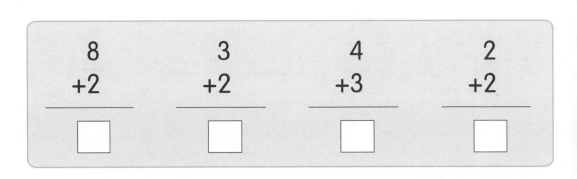

7	4	5	6
+2	+1	+2	+2
+1	+1	+1	+2
□	□	□	□

10 以内的直减练习

想一想，填一填。

― → □ ― □ = □

― → □ ― □ = □

― → □ ― □ = □

― → □ ― □ = □

― → □ ― □ = □

― → □ ― □ = □

想一想，算一算。

8	9	7	6
−5	−5	−2	−1
□	□	□	□

8	7	6	8
−2	−1	−2	−5
−3	−4	−1	−1
□	□	□	□

5	7	9	4
−2	−1	−3	−2
□	□	□	□

5	4	9	7
−2	−1	−6	−4
−1	−2	−2	−1
□	□	□	□

10 以内的直加直减练习

观察算式，连一连。

| 4 + 3 | 5 − 2 | 5 + 4 | 4 − 2 |

| 3 | 9 | 2 | 6 | 5 | 4 | 1 | 7 |

| 10 − 4 | 3 + 2 | 6 − 2 | 5 − 4 |

想一想，算一算。看谁算得快。

10 − 5 =（　　）

2 + 5 =（　　）

8 − 3 =（　　）

6 + 3 =（　　）

4 − 2 =（　　）

5 + 5 =（　　）

8 − 4 =（　　）

7 + 1 =（　　）

6 − 3 =（　　）

3 + 7 =（　　）

想一想，算一算。

 －  ＋  ＝ [ ]

☐ － ☐ ＋ ☐ ＝ ☐

 ＋  －  ＝ [ ]

☐ ＋ ☐ － ☐ ＝ ☐

 －  ＋  ＝ [ ]

☐ － ☐ ＋ ☐ ＝ ☐

 ＋  －  ＝ [ ]

☐ ＋ ☐ － ☐ ＝ ☐

凑 数 练 习

想一想，填一填。

両个数相加等于 5，这两个数互为凑数。

1 和 4，凑成 5 ——→（ ）和（ ）互为凑数

2 和 3，凑成 5 ——→（ ）和（ ）互为凑数

4 和 1，凑成 5 ——→（ ）和（ ）互为凑数

3 和 2，凑成 5 ——→（ ）和（ ）互为凑数

观察手形，把算式补充完整。

1+4=（ 　 ）

2+3=（ 　 ）

3+2=（ 　 ）

4+1=（ 　 ）

10 以内的凑数加法练习

想一想，填一填。

> 直加群指若不够，伸出拇指减去凑。

加数是 1 的运算口诀：1 伸拇减 4 ⟶ 加 1 = + 5 − 4

加数是 2 的运算口诀：2 伸拇减 3 ⟶ 加 2 = + 5 − 3

加数是 3 的运算口诀：3 伸拇减 2 ⟶ 加 3 = + 5 − 2

加数是 4 的运算口诀：4 伸拇减 1 ⟶ 加 4 = + 5 − 1

根据口诀，出指练一练，并写出答案。

加 1 等于伸拇减 4   [　] + [　] = [　]

加 2 等于伸拇减 3   [　] + [　] = [　]

加 4 等于伸拇减 1   [　] + [　] = [　]

加 3 等于伸拇减 2  = [　]

想一想，算一算。

8	2	5	2
+1	+4	+3	+7
□	□	□	□

4	3	6	7
+1	+4	+2	+1
□	□	□	□

6	1	2	5
+3	+6	+3	+1
□	□	□	□

4	3	5	3
+2	+1	+4	+6
□	□	□	□

10 以内的凑数减法练习

想一想，填一填。

> **直减群指若不够，屈回拇指加上凑。**

减数是 1 的运算口诀：1 屈拇加 4 ——→ 减 1 = − 5 + 4

减数是 2 的运算口诀：2 屈拇加 3 ——→ 减 2 = − 5 + 3

减数是 3 的运算口诀：3 屈拇加 2 ——→ 减 3 = − 5 + 2

减数是 4 的运算口诀：4 屈拇加 1 ——→ 减 4 = − 5 + 1

根据口诀，出指练一练，并写出答案。

减 1 等于屈拇加 4 　　□ − □ = □

减 2 等于屈拇加 3 　　□ − □ = □

减 3 等于屈拇加 2 　　□ − □ = □

减 4 等于屈拇加 1 　　 − □ = □

想一想，算一算。

8	9	7	8
−2	−4	−2	−5
□	□	□	□

8	7	6	8
−2	−1	−2	−5
−3	−4	−1	−1
□	□	□	□

7	8	3	9
−6	−1	−2	−7
□	□	□	□

8	7	6	8
−2	−1	−2	−5
−3	−4	−1	−1
□	□	□	□

尾数练习

想一想，填一填。

把大于 5 又小于 10 的数，分成 5 和另外一个数，这个数与 5 相减得到的数叫作尾数。

6 − 5 = 1 ——→ 6 的尾数是（ ）

7 − 5 = 2 ——→ 7 的尾数是（ ）

8 − 5 = 3 ——→ 8 的尾数是（ ）

9 − 5 = 4 ——→ 9 的尾数是（ ）

看出指图示列算式填空。

⎡🖐⎤ − ⎡✊⎤ = ⎡☝⎤   6−5=（ ）

⎡🖐⎤ − ⎡✊⎤ = ⎡✌⎤   7−5=（ ）

⎡🖐⎤ − ⎡✊⎤ = ⎡🤟⎤   8−5=（ ）

⎡🖐⎤ − ⎡✊⎤ = ⎡🖖⎤   9−5=（ ）

10 以内的尾数加法练习

复习伸拇加尾加法口诀。

加数是 6 的运算口诀：6 伸拇加 1 ⟶ 加 6 等于 +5+1

加数是 7 的运算口诀：7 伸拇加 2 ⟶ 加 7 等于 +5+2

加数是 8 的运算口诀：8 伸拇加 3 ⟶ 加 8 等于 +5+3

根据口诀，出指练一练，并写出答案。

 + = ☐　　加 6 等于伸拇加 1

 + = ☐　　加 6 等于伸拇加 1

 + = ☐　　加 6 等于伸拇加 1

 + = ☐　　加 7 等于伸拇加 2

 + = ☐　　加 7 等于伸拇加 2

 + = ☐　　加 8 等于伸拇加 3

想一想，填一填。

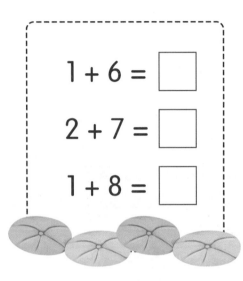

1 + 6 = ☐

2 + 7 = ☐

1 + 8 = ☐

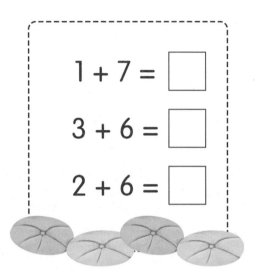

1 + 7 = ☐

3 + 6 = ☐

2 + 6 = ☐

想一想，填一填。

1	5	3	1
+2	+1	+5	+6
+6	+3	+1	+2
☐	☐	☐	☐

1	5	2	1
+7	+1	+6	+5
+1	+3	+1	+1
☐	☐	☐	☐

10 以内的尾数减法练习

复习伸拇加尾加法口诀。

减数是 6 的运算口诀：6 屈拇减 1 ⟶ 减 6 等于 –5–1

减数是 7 的运算口诀：7 屈拇减 2 ⟶ 减 7 等于 –5–2

减数是 8 的运算口诀：8 屈拇减 3 ⟶ 减 8 等于 –5–3

根据口诀，出指练一练，并写出答案。

 −  = 减 6 等于屈拇减 1

 −  = 减 6 等于屈拇减 1

 −  = 减 6 等于屈拇减 1

 − = 减 7 等于屈拇减 2

− = 减 7 等于屈拇减 2

 −  = 减 8 等于屈拇减 3

 −  =

想一想，填一填。

9	8	7	5
−2	−3	−2	−2
−1	−4	−1	−1
□	□	□	□

8	5	4	9
−1	−3	−2	−5
□	□	□	□

8	6	7	8
−1	−3	−4	−6
−3	−1	−2	−1
□	□	□	□

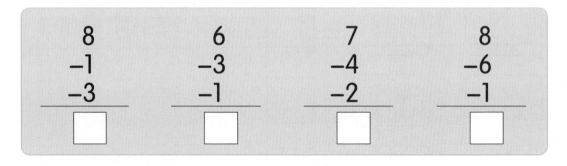

3	4	9	5
−1	−3	−7	−1
□	□	□	□

10 以内的加法算式表

和米拉朵一起来记一记加法算式表。

1+1								
1+2	2+1							
1+3	2+2	3+1						
1+4	2+3	3+2	4+1					
1+5	2+4	3+3	4+2	5+1				
1+6	2+5	3+4	4+3	5+2	6+1			
1+7	2+6	3+5	4+4	5+3	6+2	7+1		
1+8	2+7	3+6	4+5	5+4	6+3	7+2	8+1	
1+9	2+8	3+7	4+6	5+5	6+4	7+3	8+2	9+1

1 2 3 4 5 6 7 8 9

算一算，填一填。

5 + 4 = (　　)　🚌　4 + 3 = (　　)

6 + 1 = (　　)　🚌　6 + 4 = (　　)

2 + 3 = (　　)　🚌　8 + 2 = (　　)

5 + 5 = (　　)　🚌　7 + 1 = (　　)

7 + 2 = (　　)　🚌　9 + 1 = (　　)

10 以内的减法算式表

和大大猪一起来记一记减法算式表。

10	9	8	7	6	5	4	3	2
10-1	9-1	8-1	7-1	6-1	5-1	4-1	3-1	2-1
10-2	9-2	8-2	7-2	6-2	5-2	4-2	3-2	
10-3	9-3	8-3	7-3	6-3	5-3	4-3		
10-4	9-4	8-4	7-4	6-4	5-4			
10-5	9-5	8-5	7-5	6-5				
10-6	9-6	8-6	7-6					
10-7	9-7	8-7						
10-8	9-8							
10-9								

算一算，填一填。

$10 - 5 = ($ $)$

$7 - 3 = ($ $)$

$8 - 2 = ($ $)$

$6 - 3 = ($ $)$

$9 - 1 = ($ $)$

$6 - 4 = ($ $)$

$2 - 1 = ($ $)$

$8 - 4 = ($ $)$

$9 - 5 = ($ $)$

$10 - 3 = ($ $)$

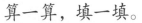

10 以内的加法口诀复习

复习加法口诀并填空。

加数是 1 的运算口诀：（　　　）伸拇减（　　　）

加数是 2 的运算口诀：（　　　）伸拇减（　　　）

加数是 3 的运算口诀：（　　　）伸拇减（　　　）

加数是 4 的运算口诀：（　　　）伸拇减（　　　）

加数是 6 的运算口诀：（　　　）伸拇减（　　　）

加数是 7 的运算口诀：（　　　）伸拇减（　　　）

加数是 8 的运算口诀：（　　　）伸拇减（　　　）

根据口诀出指练一练，并填上答案。

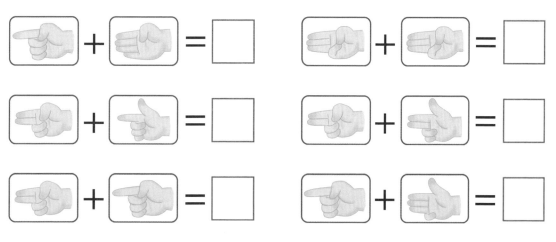

10 以内的减法口诀复习

复习加法口诀并填空。

减数是1的运算口诀：（　　）屈拇加（　　）

减数是2的运算口诀：（　　）屈拇加（　　）

减数是3的运算口诀：（　　）屈拇加（　　）

减数是4的运算口诀：（　　）屈拇加（　　）

减数是6的运算口诀：（　　）屈拇减（　　）

减数是7的运算口诀：（　　）屈拇减（　　）

减数是8的运算口诀：（　　）屈拇减（　　）

根据口诀出指练一练，并填上答案。

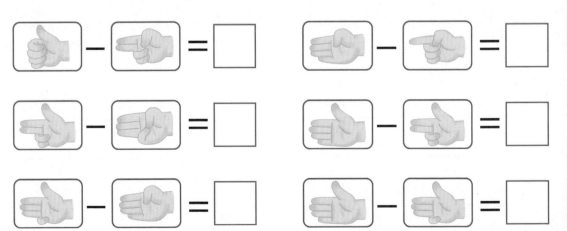

10 以内的加减混合运算复习

想一想，填一填。

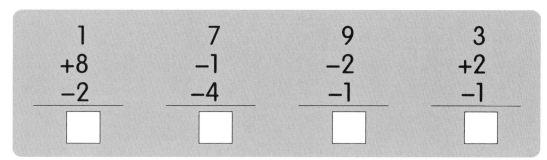

1	7	9	3
+8	−1	−2	+2
−2	−4	−1	−1
□	□	□	□

9	8	7	5
−2	−3	−2	+2
−3	−4	+3	+1
□	□	□	□

9	5	7	6
−2	−3	−1	−2
−1	+1	+3	−1
□	□	□	□

4	8	4	9
−2	−3	−2	−3
+4	+2	+5	−5
□	□	□	□

综合练习

看出指图示列算式并计算。

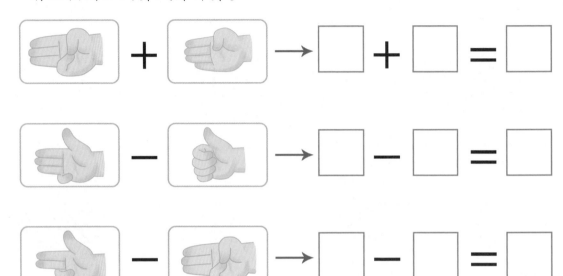

想一想，算一算。

3 + 6 = ☐   7 − 2 = ☐

2 + 7 = ☐   9 − 6 = ☐

1 + 4 = ☐   8 − 4 = ☐

看出指图示列算式并计算。

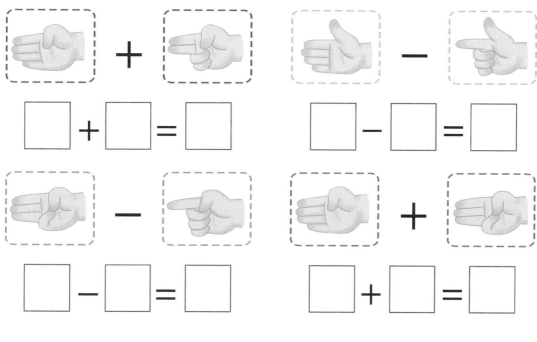

□ + □ = □   □ − □ = □

□ − □ = □   □ + □ = □

算一算，连一连。

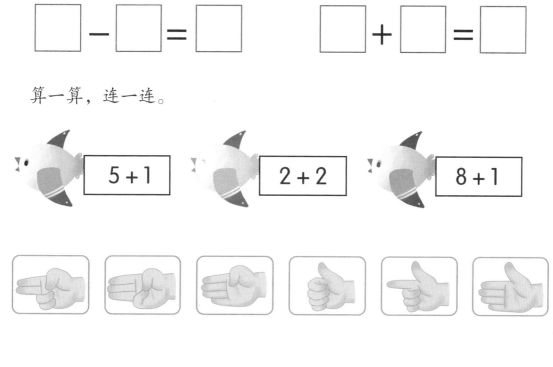

| 5 + 1 | 2 + 2 | 8 + 1 |

| 9 − 6 | 4 − 2 | 7 − 2 |

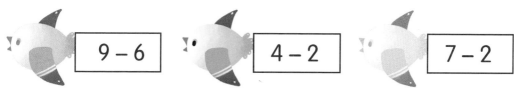

图书在版编目（CIP）数据

跟米拉朵学手指速算：函套共 6 册 / 葫芦弟弟编绘 . —北京：北京理工大学出版社，2019.9

ISBN 978-7-5682-7193-6

Ⅰ．①跟… Ⅱ．①葫… Ⅲ．①速算—学前教育—教学参考资料 Ⅳ．① G613.4

中国版本图书馆 CIP 数据核字（2019）第 129723 号

出版发行 / 北京理工大学出版社有限责任公司

社　　址 / 北京市海淀区中关村南大街 5 号

邮　　编 / 100081

电　　话 /（010）68914775（总编室）

　　　　　（010）82562903（教材售后服务热线）

　　　　　（010）68948351（其他图书服务热线）

网　　址 / http://www.bitpress.com.cn

经　　销 / 全国各地新华书店

印　　刷 / 福建省金盾彩色印刷有限公司

开　　本 / 720 毫米 ×1000 毫米　　1/16

印　　张 / 12

字　　数 / 78 千字

版　　次 / 2019 年 9 月第 1 版　2019 年 9 月第 1 次印刷

定　　价 / 60.00 元（全 6 册）

责任编辑 / 高　　芳

文案编辑 / 胡　　莹

责任校对 / 周瑞红

责任印制 / 施胜娟

幼小衔接：学前智力开发课程

跟米拉朵学
手指速算
六

葫芦弟弟◎编绘

北京理工大学出版社
BEIJING INSTITUTE OF TECHNOLOGY PRESS

目 录

两位数的直加练习

> 十位加十位，个位加个位，十位加左手，个位加右手。

根据手形列算式。

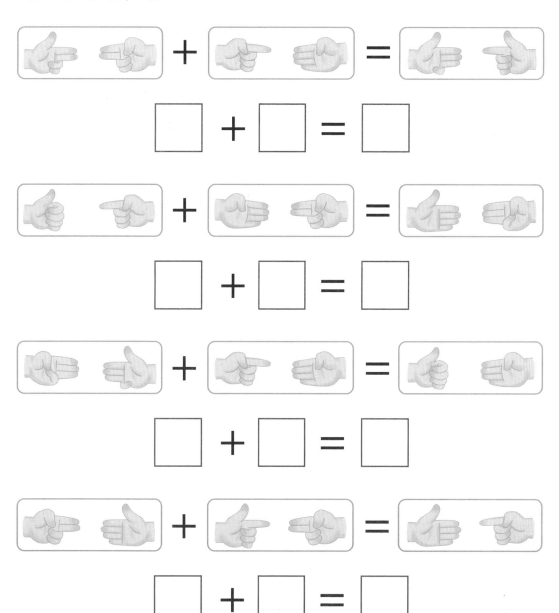

1

根据文字完成算式。

　　大大猪的房间被弄得乱七八糟，妈妈让米拉朵帮大大猪一起收拾房间，米拉朵收拾了 16 个皮球，大大猪收拾了 24 个皮球，他们一共收拾了多少个皮球？列式并计算。

$$\Box + \Box = \Box$$

算一算，填一填。

23+45＝（　）	33+63＝（　）
36+29＝（　）	41+46＝（　）
44+18＝（　）	20+77＝（　）
60+21＝（　）	19+30＝（　）
76+11＝（　）	55+10＝（　）
45+50＝（　）	22+37＝（　）

算一算，填一填。

25
+32
□

35
+12
□

66
+24
□

37
+21
□

65
+24
□

19
+22
□

45
+27
□

40
+32
□

38
+21
□

24
+17
□

70
+16
□

28
+44
□

35
+35
□

15
+22
□

49
+11
□

68
+10
□

两位数的直减练习

十位减十位，个位减个位，十位减左手，个位减右手。

根据手形列算式。

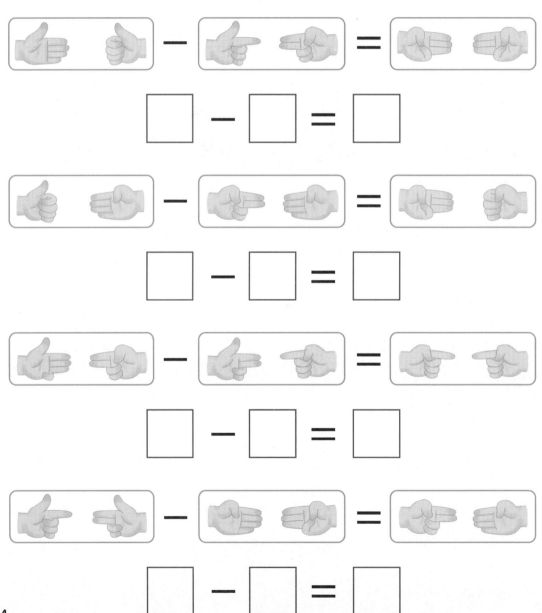

算一算，填一填。

55-42＝（　　）　　　84-45＝（　　）

32-11＝（　　）　　　68-47＝（　　）

66-24＝（　　）　　　96-58＝（　　）

59-20＝（　　）　　　29-14＝（　　）

39-18＝（　　）　　　33-22＝（　　）

算一算，连一连。

 45-26　　 59-34　　 82-65　　 69-37

 25　　 17　　32　　19

算一算，填一填。

88 −47	56 −12	69 −44	52 −14
□	□	□	□

98 −24	37 −13	76 −25	59 −33
□	□	□	□

49 −20	75 −40	68 −17	59 −19
□	□	□	□

94 −56	77 −64	89 −60	99 −58
□	□	□	□

两位数的凑数加法练习

十位加起分两手，十位减左个减右，

直加群数若不够，伸出拇指减去凑。

根据手形列算式。

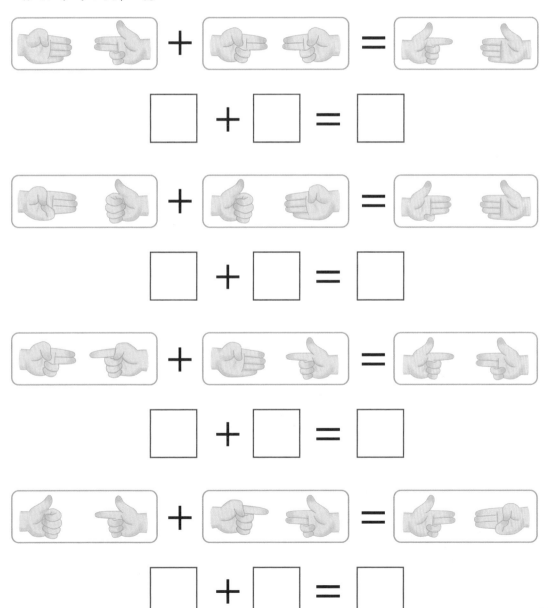

根据米拉朵和大大猪的要求，圈出对应的算式。

圈出得数为
56 的算式

| 42+11 | 22+37 | 28+19 | 10+55 | 45+45 | 38+18 |

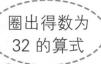

圈出得数为
32 的算式

| 34+20 | 75+16 | 69+20 | 33+50 | 29+10 | 18+14 |

小朋友一起来算一算看米拉朵和大大猪谁游得最快？

12+13 = （　　）

66+25 = （　　）

70+12 = （　　）

36+11 = （　　）

55+44 = （　　）

60+24 = （　　）

71+16 = （　　）

35+35 = （　　）

88+11 = （　　）

47+32 = （　　）

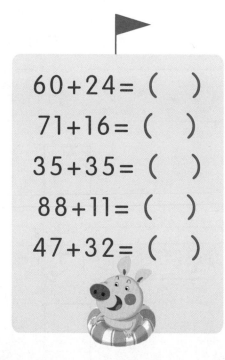

算一算，填一填。

25 +32	35 +12	66 +24	37 +21
□	□	□	□

65 +24	19 +22	45 +27	40 +32
□	□	□	□

38 +21	24 +17	70 +16	28 +44
□	□	□	□

35 +35	15 +22	49 +11	68 +10
□	□	□	□

两位数的凑数减法练习

十位减起分两手，十位减左个减右，
直减群数若不够，屈回拇指加上凑。

根据手形列算式。

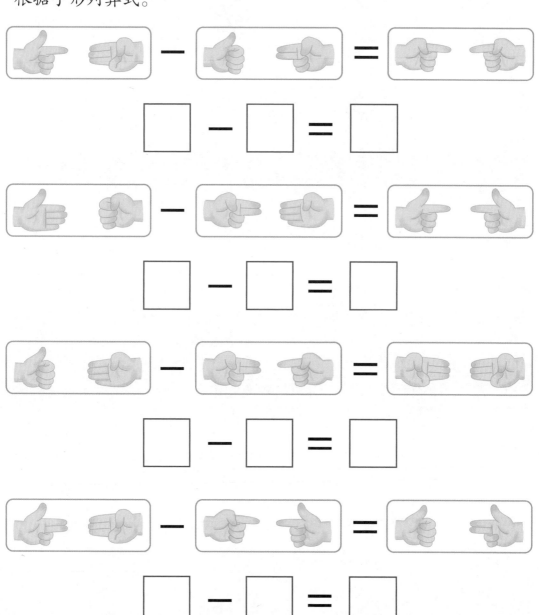

看看谁算的最快最准。

68－25＝（　　）　58－24＝（　　）

47－23＝（　　）　75－33＝（　　）

59－18＝（　　）　46－20＝（　　）

77－44＝（　　）　67－30＝（　　）

59－27＝（　　）　29－11＝（　　）

88－40＝（　　）　49－19＝（　　）

59－24＝（　　）　96－47＝（　　）

39－20＝（　　）　88－38＝（　　）

27－10＝（　　）　69－33＝（　　）

93－57＝（　　）　60－25＝（　　）

69－47＝（　　）　84－39＝（　　）

26－19＝（　　）　99－67＝（　　）

算一算，填一填。

86 −33	56 −27	30 −11	48 −24
□	□	□	□

22 −15	43 −22	69 −31	88 −39
□	□	□	□

57 −18	77 −38	46 −17	81 −64
□	□	□	□

39 −20	94 −56	67 −29	49 −36
□	□	□	□

两位数的尾数加法练习

先伸拇指后加尾。

根据手形列算式。

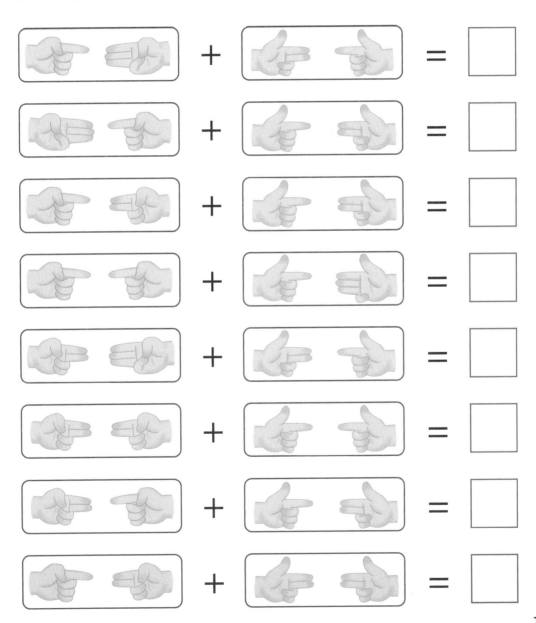

和米拉朵大大猪一起算一算吧。

21+18＝（   ）　　12+67＝（   ）

24+15＝（   ）　　51+18＝（   ）

20+55＝（   ）　　22+67＝（   ）

66+30＝（   ）　　33+48＝（   ）

31+57＝（   ）　　14+75＝（   ）

11+88＝（   ）　　11+18＝（   ）

31+48＝（   ）　　21+68＝（   ）

33+56＝（   ）　　32+66＝（   ）

44+35＝（   ）　　21+77＝（   ）

23+75＝（   ）　　41+27＝（   ）

33+36＝（　　） 　 73+14＝（　　）

12+63＝（　　） 　 54+24＝（　　）

45+23＝（　　） 　 21+52＝（　　）

31+32＝（　　） 　 73+24＝（　　）

66+22＝（　　） 　 16+12＝（　　）

16+42＝（　　） 　 34+13＝（　　）

25+23＝（　　） 　 23+25＝（　　）

57+11＝（　　） 　 64+12＝（　　）

38+41＝（　　） 　 12+34＝（　　）

86+11＝（　　） 　 34+34＝（　　）

两位数的尾数减法练习

先伸拇指后加尾。

根据手形列算式。

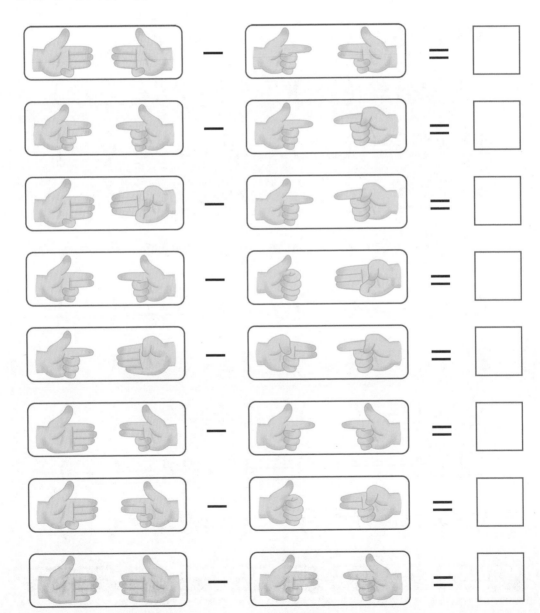

和米拉朵大大猪一起来练一练。

79-68=（　　） 58-40=（　　）

78-67=（　　） 36-21=（　　）

88-77=（　　） 95-38=（　　）

98-66=（　　） 44-19=（　　）

89-76=（　　） 89-29=（　　）

67-37=（　　） 99-68=（　　）

算一算，连一连。帮鸭妈妈找到小鸭子。

 77-28

 56-42

 48-16

 14

 32

 49

算一算，填一填。

78	42	89	74
-22	-17	-54	-33
□	□	□	□

65	42	39	67
-49	-25	-19	-20
□	□	□	□

99	81	52	66
-55	-21	-35	-23
□	□	□	□

47	96	28	88
-18	-71	-11	-24
□	□	□	□

整十数的加减练习

米拉朵和大大猪一起摘桃子和西瓜，米拉朵摘了 20 个桃子，大大猪摘了 10 个西瓜，它们一共摘了多少个水果？列式并计算。

$$\boxed{} + \boxed{} = \boxed{}$$

算一算，连一连。

20+30	70
50+40	50
10+70	90
60+10	80

跟米拉朵学手指速算

想一想，算一算。

10+20=

70-20=

30+40=

90-40=

60+20=

60-20=

40+10=

80-10=

算出火车上的得数。

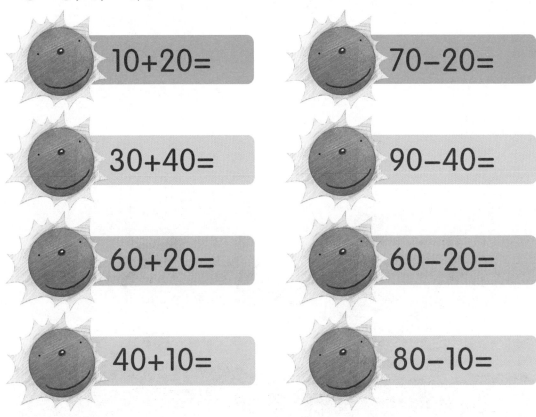

20 + 10 + 30 + 20 =

90 - 50 - 10 - 20 =

补 数 练 习

想一想，填一填。

> 两个数相加和为 10，那么这两个数互为补数。

1 和 9 组成 10 ——→ （　　）和（　　）互为补数

2 和 8 组成 10 ——→ （　　）和（　　）互为补数

3 和 7 组成 10 ——→ （　　）和（　　）互为补数

4 和 6 组成 10 ——→ （　　）和（　　）互为补数

5 和 5 组成 10 ——→ （　　）和（　　）互为补数

出指训练。

根据出指图示列算式并计算。

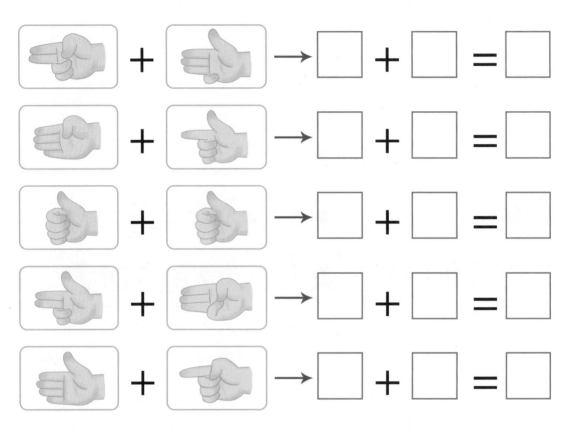

把互为补数的两个数字连起来。

进一减补加法练习

直加手指若不够，左手进一右屈补。

想一想，连一连。

 19+37    34+48    27+66    78+18

 93    56    82    96

看手形并计算。

 +   =

  +   =

 +   =

 +   =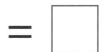

比一比，算一算。

33+15＝（　　）   66+27＝（　　）

28+26＝（　　）   33+39＝（　　）

37+29＝（　　）   63+18＝（　　）

17+48＝（　　）   58+20＝（　　）

55+11＝（　　）   44+19＝（　　）

39+17＝（　　）   38+45＝（　　）

45+26＝（　　）   18+82＝（　　）

37+19＝（　　）   58+25＝（　　）

33+21＝（　　）   24+38＝（　　）

56+34＝（　　）   66+26＝（　　）

58+15＝（　　）   41+29＝（　　）

29+38＝（　　）   53+17＝（　　）

和小朋友们一起算一算。

12+19=（　　）　15+37=（　　）　24+19=（　　）

13+28=（　　）　16+25=（　　）　37+16=（　　）

35+18=（　　）　26+16=（　　）　46+28=（　　）

39+26=（　　）　18+27=（　　）　66+28=（　　）

59+23=（　　）　57+19=（　　）　25+67=（　　）

47+29=（　　）　14+57=（　　）　18+39=（　　）

14+58=（　　）　59+23=（　　）　29+17=（　　）

66+28=（　　）　33+49=（　　）　39+37=（　　）

11+29=（　　）　74+16=（　　）　45+45=（　　）

55+22=（　　）　39+28=（　　）　64+27=（　　）

退一加补减法练习

直减手指若不够，左手退一右加补。

算一算，把得数相等的算式连起来。

 33-15

 86-49

 73-58

 93-28

 88-23

 49-31

 79-42

 63-48

根据手形完成算式。

 —   = □

  —   = □

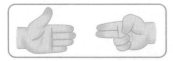 —   = □

算一算，填一填。

33
−18
□

89
−53
□

93
−23
□

46
−18
□

77
−36
□

29
−11
□

38
−15
□

59
−36
□

99
−73
□

81
−58
□

74
−46
□

91
−69
□

65
−44
□

96
−71
□

57
−34
□

44
−24
□

100 以内的综合练习

根据手形完成算式。

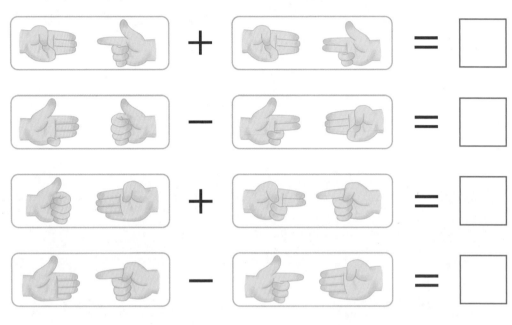

算出算式，帮小熊找到回家的路。

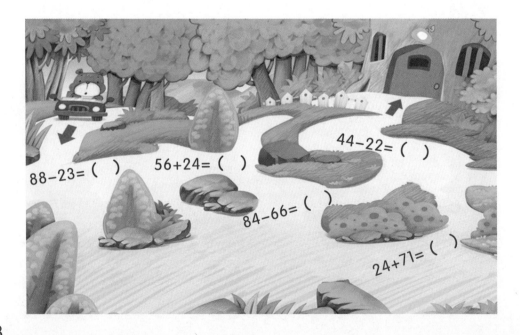

88−23=（　）　56+24=（　）　44−22=（　）

84−66=（　）

24+71=（　）

算一算，练一练吧。

80 − 15 = （　　　）　　　14 + 66 = （　　　）

12 + 19 = （　　　）　　　34 − 28 = （　　　）

38 − 17 = （　　　）　　　30 + 60 = （　　　）

20 + 40 = （　　　）　　　97 − 58 = （　　　）

99 − 54 = （　　　）　　　26 + 34 = （　　　）

34 + 38 = （　　　）　　　79 − 44 = （　　　）

77 − 57 = （　　　）　　　40 + 10 = （　　　）

45 + 54 = （　　　）　　　88 − 19 = （　　　）

78 − 24 = （　　　）　　　33 + 26 = （　　　）

61 + 23 = （　　　）　　　89 − 48 = （　　　）

图书在版编目（CIP）数据

跟米拉朵学手指速算：函套共6册 / 葫芦弟弟编绘 . —北京：北京理工大学出版社，2019.9

ISBN 978-7-5682-7193-6

Ⅰ．①跟… Ⅱ．①葫… Ⅲ．①速算—学前教育—教学参考资料 Ⅳ．① G613.4

中国版本图书馆 CIP 数据核字（2019）第 129723 号

出版发行 / 北京理工大学出版社有限责任公司

社　　　址 / 北京市海淀区中关村南大街 5 号

邮　　　编 / 100081

电　　　话 / （010）68914775（总编室）

　　　　　　（010）82562903（教材售后服务热线）

　　　　　　（010）68948351（其他图书服务热线）

网　　　址 / http：//www.bitpress.com.cn

经　　　销 / 全国各地新华书店

印　　　刷 / 福建省金盾彩色印刷有限公司

开　　　本 / 720 毫米 ×1000 毫米　　1/16

印　　　张 / 12

字　　　数 / 78 千字

版　　　次 / 2019 年 9 月第 1 版　2019 年 9 月第 1 次印刷

定　　　价 / 60.00 元（全 6 册）

责任编辑 / 高　芳

文案编辑 / 胡　莹

责任校对 / 周瑞红

责任印制 / 施胜娟